預約實用知識，延伸出版價值

預約實用知識，延伸出版價值

從Q到Q+

華倫·伯格
Warren Berger

譯———— 鍾玉玨

The Book of Beautiful Questions :
The Powerful Questions That Will Help You
Decide, Create, Connect, and Lead

目錄

各界讚譽 ———— 004

●前言
為什麼提問？ ———— 007
問問題如何有助於我們做決定、創造、與人建立關係、發揮領導力？／
我們可以從四歲女孩身上學到什麼？／阻礙提問的五大敵人？／我們可以
怎麼培養提問的習慣？／為什麼提問的重要性更甚於以往？／提問可以
拉近我們之間的差距嗎？／如果民主的未來取決於提問那會怎麼樣？

●第一部 ———— 033
透過提問，做出更好的決定
做決定時，我為什麼應該問問題？／為什麼我堅信我相信的東西？（若
我錯了，怎麼辦？）／我的思考方式像個士兵還是偵查兵？／別人說什
麼，為什麼我應照單全收？／我的批判性思考力背後隱藏著目的與意圖
嗎？／如果這不是「是或否」二選一的決定怎麼辦？／一個局外人能做
什麼？／如果我知道我不容失敗，我會嘗試做什麼？／如何靠提問克服
恐懼這種原始而強大的情緒？／「未來的我」會做什麼決定？／哪個選
項可讓我再進化並繼續發光？／我後來怎麼向其他人解釋這個決定？／
我的那顆網球是什麼？

●第二部 ———— 085
透過提問，激發無限創造力
為何創造？／我的創造力去哪兒了？／如果我主動搜尋問題會怎樣？
／這世界少了什麼？／為什麼這是我的問題？／我的龜殼在哪裡？／
什麼時間是我的黃金時段？／我願意殺死蝴蝶嗎？／如果讓自己不受
地點限制隨時開始呢？／我該如何「擺脫卡關」？／我準備「公開」
了嗎？／我想搞定還是想改進？／如何「繼續前進」？

● 第三部 ——— 141

透過提問，與他人建立關係

為什麼要和他人建立關係？／問題比「你好嗎？」更深入會怎樣？／我怎麼用盡全力傾聽？／如果少給建議、多問問題會怎樣？／我會因為批評而感到內疚嗎？／如果我用好奇心取代批判會怎樣？／如何掌控主宰自己的偏見？／我們可以怎麼進一步鞏固夥伴關係？／我要堅持自己是對的，還是要平靜？／提問有助於我們在職場建立連結嗎？／為什麼上司那麼難「向下提問」？／如果把銷售口才轉換為「提問口才」會怎樣？

● 第四部 ——— 199

透過提問，成為優秀領導者

我們該怎麼做才能糾正這個錯誤？／我為什麼選擇當領導人？／自信而謙虛，我是嗎？／為什麼我必須退一步才能領導？／我的密碼是什麼？／我能少做什麼？／我們公司怎麼會淪落到收攤倒閉的地步？／發生了什麼事——我能幫什麼忙？／我關注的是什麼東西壞了……還是什麼東西有用？／我真的想在職場推廣好奇文化嗎？／我們可以怎麼做而讓大家放心提問？有獎賞嗎？有利產出嗎？

● 結論 ——— 257

處處探究的人生

我該如何開始實踐自己的提問人生？／提問前，該如何暖身？／我可以提出更好的問題嗎？我該如何測試自己內建的「唬爛偵測器」？／如果我用全新的視角看待周遭世界會怎樣？／我該如何破冰？／如果由我面試自己會怎樣？／提問能夠讓我的家人關係更緊密嗎？／如果我不再下定決心做什麼，改而「反問自己要做什麼」會怎樣？／我可以怎樣鼓勵他人多提問？／我的「漂亮大哉問」是什麼？

致謝 ——— 289

注釋 ——— 295

各界讚譽

「華倫·伯格將提問升級到藝術層次。只要你有意提升創意、領導力、決策力以及人際交往能力，本書絕對必讀。伯格列出的一系列問題將激發你成為提問大師。」

——法蘭克·賽斯諾（Frank Sesno）／
CNN 前主播、《精準提問的力量》（*Ask more*）作者

「『成功的領導人與其給答案，不如問對問題。』本書裡，伯格說明了何以提問是成功關鍵，並列出數百個問題，可協助讀者精進思考力，成為更好的夥伴、問題解決高手以及領導人。」

——馬歇爾·高德史密斯（Marshall Goldsmith）／紐約時報暢銷書《練習改變》（*Triggers*）、《UP 學》（*What Got You Here Won't Get You There*）作者

「本書提供我們有力的後盾，勇於重新想像我們的生活與人生。對於那些希望能做出更好的決定、提升領導力效能的人而言，本書能夠讓你蛻變，讓你一遍又一遍重讀本書。」

——多利‧克拉克（Dorie Clark）／
《你就是創業家》（*Entrepreneurial You*）、《脫穎而出》（*Stand Out*）作者

「本書是名副其實的金礦。你可在這個黃金屋裡找到新穎（以及絕佳）提問方式，善用提問之力精進自己的決策能力、提升創造力並深化與他人的連結。伯格的見解如此犀利，建議如此實用，因此現在問題只有一個：是什麼阻止了你，讓你不拿起這本了不起的書呢？」

——丹尼爾‧品克（Daniel Pink）／紐約時報暢銷書《動機，單純的力量》
（*When*）、《什麼時候是好時候》（*Drive*）、
《未來在等待的銷售人才》（*A Whole New Mind*）作者

「為什麼我們問得不夠多？為什麼我們問了這麼多爛問題？我們可以怎麼做才能問出各種好問題，提升我們的領導力、決策力、人際連結能力以及創造力？本書不只刺激大家深思提問力，也是一本充滿即時解方的實用書。」

——亞當‧葛蘭特（Adam Grant）／
紐約時報暢銷書《反叛，改變世界的力量》（*Originals*）、
《給予》（*Give and Take*）作者、《擁抱 B 選項》（*Option B*）共同作者

「伯格印證了提問具備不可思議的強大力量，藉由提問，讓我們能以不同方式看待問題，找出有效創新的解決方案。在愈來愈複雜的世界，知道怎麼提問並問出刁鑽的問題，是成功的必備技能。」

——麗莎‧波德爾（Lisa Bodell）／
《簡單才會贏》（*Why Simple Wins*）作者、Future Think 執行長

　　「把伯格以及他的新書視為指引，學習問出更漂亮的問題，也問出更重要的問題。這可能會讓你區隔何謂忙碌的生活，以及何謂有分量的生活。」

——葛瑞格‧麥基昂（Greg McKeown）／
《少，但是更好》（*Essentialism*）作者

為什麼
提問？

我是提問專家（questionologist）。

看到這頭銜，你可能會問：真有這東西嗎？幾年前我就問了自己這麼個問題。然後我做了一些研究，從字根 -ologist（專家）著手，結果出現了數百種不同類型的「專家」、「學者」（-ologists），從蜱蟎學家（acarologist，研究蜱蟲與疥蟲的專家）到動物學家，不一而足。但是從字首 Q 尋找，卻找不到 questionologist 這個字。

於是我心裡就想，為什麼沒有收錄 questionologist 這個字？研究提問難道不是和研究蜱蟎一樣都值得自成一個類目嗎？

我的疑問從「為什麼不」進化到「如果……會怎樣？」的階段。如果我稱自己是提問專家，會怎樣？[1]

我還真這麼做了，在《紐約時報》（*New York Times*）的專欄，以及其他地方，我都冠上這個頭銜。結果出乎我的意料，沒有人質疑或反問。

自此我就一直使用提問專家這個頭銜，包括訪問企業〔不乏《財星》雜誌（*Fortune*）500 大企業〕、政府機構（如美國航太總署）、校園（從小學乃至大學）等等。

我也受邀參加各行各業舉辦的聚會，有農民、會計師、藝術家、科學家、軍人、選戰操盤手、好萊塢經紀人、丹麥製藥公司主管、澳洲教師等等。似乎不分行業，大家都對提問有了興趣。

也應當如此。當我們面臨吃力的工作、高壓的生活，只要肯花些時間與精力提問，有助於我們做出更好的決定，更有成效的

行動方案。但是問題一定要問**對**，問到能直逼難處的核心，或是能讓我們以全新的角度看待老問題。

本書納入了許多這類問題，共 200 多個，涵蓋所有日常，從擺脫事業窠臼乃至鞏固人際關係，包羅萬象。本書重點放在正確的時間提出有深度的問題，以便在關鍵時刻做出最好的選擇，鎖定的對象是思想家、創作人士、解決問題的專家和決策者。

儘管市面上提供「現成答案」的書籍多如牛毛，諸如「解決問題四部曲，只要透過四個字母，就可記得牢牢牢」。但本書另闢蹊徑，完全不走給答案的路線。本書建議大家必須找出自己的方法與答案，因應各自在職場與生活裡面臨的挑戰與難題。我們有一套可任憑我們支配、與生俱來的工具，協助我們思考並「殺出」重圍，找到通往更好結果的路徑。這個工具就是虛心提問。

＊＊＊

我從數年前才開始肯定問問題的價值，當時我在報社擔任記者。對我（以及對多數文字記者而言），問題問得好、問得尖銳，猶如一把鏟子，可以挖出故事的部分真相。多年下來，我習慣把提問看成是，從別人口裡得到消息與資訊的管道。我深信律師、民調專家、精神病醫師等「專業提問者」，也同樣是這麼看待提問。

但我擔任記者期間，也會接觸到發明家、實業家、企業領

袖、藝術家、科學家等等，他們經常是我寫作採訪的對象。我發現他們當中很多人問問題的方式與初衷不同於一般人。他們問問題，往往是內省求答案，而非外求。他們提問可能是為了解決問題，或是提出創見。為了這兩個目的，他們從問問題開始，反問自己：這難題或困境為什麼會出現？背後隱而未現的力量是什麼？還有哪些更大的問題在攪局？有什麼好玩有趣的新辦法因應眼前的挑戰？

這類內省型提問有助於創意型思想家想出新穎的點子以及有效的解決辦法。這樣的觀察是我上一本書《大哉問時代》（*A More Beautiful Question*）的核心，書中主張問問題是創新的起點。那本書我舉了很多例子，例如立可拍相機、手機、新創公司網飛（Netflix）與 Airbnb 等等，它們發跡的原點都可以追溯到「問題問得漂亮」，這一問改寫了當下的思維，打開了新的可能性，最後帶出突破。

那本書問世後，我接受採訪、受邀演講、和讀者與觀眾互動，發現儘管許多人同意該書預設的前提以及鼓吹「放手提問」的中心思想，但是大家似乎渴望更具體、更有目標性的東西。大家想知道他們應該問**哪些**問題，才契合他們可能面臨的困境或是正在追求的目標。

例如我和企業界領導人交談時，他們似乎更重視哪些問題有助於他們經營企業，而參加創意集會的人士較感興趣的是，怎麼問問題有助於催生點子。同理，有些人希望改善人際關係，有些

人難於抉擇自己到底是該進入職場還是追求理想。大家都希望問對問題，藉由問問題幫助他們做出更好的選擇，或是獲致最好的結果與成績。

因此本書的重心在於分享見效的好問題以及提問的技巧，可應用在日常出現的各種狀況。本書列出的問題跨足各行各業，出自各界專家的想法與洞見，這些對象包括實業家、人生教練、幼教老師、認知行為治療師、執行長、心理學專家、神經科學專家、聯邦調查局（FBI）反情報幹員、重量級小說家、創投基金專家、即興表演者、獲普立茲獎（Plitzer Prize）肯定的劇作家、諾貝爾（Nobel Prize）物理獎得主、美國陸戰隊軍官、人質談判專家、風險管理專家等等。我設法涵蓋各界的見解與看法，圍繞提問如何應用於不同的情況。本書列出的問題，有一些在多年前首次出現，而今提問者雖已過世，但問題依舊活躍於人間。有些問題出現於上一本書《大哉問時代》，但我利用本書繼續添枝加葉，並把它們置於更具體的脈絡與背景裡。

有部分問題是我自己摸索出來的，並參考了其他合作對象的意見。許多問題靠著逆向作業浮出檯面。例如，我發現一個常見問題（或陷阱）三不五時會出現於決策過程裡，因此接下來我的功課是想出個問句或一系列問句，協助其他人在未來做決定時，避開那樣的陷阱，以免重蹈覆轍。

結果就是一張檢查表（checklist manifesto），上面列的全是漂亮問題。為什麼漂亮？對我而言，只要能讓對方改變思維的問

題都是漂亮問題。列在檢查表上的問題用意也是如此——提醒你放慢步伐，多動腦思考，拓寬視野，看到過去的偏見、阻礙創意的石頭與情緒化的反應等等。切實這麼做了之後，這些問題可以幫助你在關鍵時刻走向正確的方向。關鍵時刻包括：一，下重大決定時；二，創造或建立一樣東西時；三，和人聯繫交流；四，成為優秀而成功的領導人。這是本書的四大主題。我和讀者以及來聽演講的觀眾交談時，這四個領域最常出現，顯見這是大家念茲在茲的重點。

問問題如何有助於我們做決定、創造、與人建立關係、發揮領導力？

提問在這四個面向莫不扮演核心的角色。

做決定（至少做出**不錯**的決定）需要批判性思考力，而這得深耕於發問。有人指出，批判性思考力在當今面臨了危機，至少這可由愈來愈普遍的集體無能現象得到佐證，大家無力分辨哪些是有憑有據的真新聞，哪些是假新聞（或哪些是真材實料的領導人，哪些是虛有其表的假領導人）。我們大可將這歸咎於媒體、Facebook 抑或政治人物本身，但最終還是得靠我們每個人好好想想，透過深入的問題，讓我們做出更明智的判斷與選擇。問自己一些正中要害的問題，然後再下決定要投哪個候選人、踏上哪個職涯、是否改變人生的軌道、是否放手追尋自己或事業上正在

考慮的機會。提問出乎意料地有效，可以幫助你避開決策時常見的陷阱。

至於**創意**，靠的往往是能力與意願，也必須常和可激發想像力的挑戰性難題奮戰。對於組織裡的員工而言，必須不斷想出新點子，讓公司推陳出新，滿足消費者求新求變的需求。有些人試圖以獨特、扣人心弦的方式表達見解與看法，他們的創意怎麼來？通往創意之路是一趟提問之旅，往往由「為什麼」或「如果……會怎樣？」這個格外有力的問句揭開序幕。太多如雷貫耳的創意性突破，涵蓋商界與藝文界，都可溯本至這類的問題，但創意不會在提問後就劃下句點。在創作過程的每一個階段都必須問對問題，了解這點這有助於創作者穩定前行，順利從第一階段的醞釀想法一路到克服最後的難關——把想法「推到門外」與世人見面。

若想成功和他人**建立關係**，也可藉由不停地問問題獲得顯著改善。不僅問自己問題，也對我們有意建立關係的人提問。令人意外的是，最新研究顯示，藉由問問題（只要問題問得漂亮，問得切中要害），我們會變得更討人喜歡[2]（若問題問得很瞎，或是方式不對，恐會造成對立甚至徹頭徹尾地惹人厭）。我們很多人慣用「你好嗎？」之類的通用問句和人打招呼，但比這更貼心更有目的性的問句，才能更有效地破冰，打破與陌生人之間的僵局，以及成功拉近與客戶或同仁之間的距離。問題問得好也有助於與我們最親近的人建立更緊密、更深厚的關係。值得注意的

是，在這個兩極化的時代，問問題可以幫助我們了解那些與我們有著截然不同世界觀的人，繼而開始和他們打交道，建立關係。

最後一個領域是**領導力**。領導力多半不會和提問扯上關係（畢竟大家認為，領導人指揮若定，理應有了各種腹案），但是愈來愈多證據顯示，一流的領導人會以自信又謙遜的口吻提出有雄心、讓人意想不到、卻沒有任何一人提問的問題。今天的領導人，我指的不只是企業高階主管，也包括任何一種團隊領導人，民間領袖、社會公義宣導人、「思想領袖」、家族領導人、教育人士等等，身處在巨變的世界，面臨前所未見的挑戰。他們必須學會提問，靠提問預測並滿足組織與員工的需求，靠提問為創新以及充滿好奇的探索定調，靠提問構思更大的挑戰，藉此團結大家的力量。列出任務或使命的宗旨（mission statement）已不再充分，新型態領導人必須列出「任務或使命的大哉問」（mission question）。

＊＊＊

四個主題各異，對應的問題類型也不同，有些問題似乎特別有效。許多決策型問題意在協助你逐步克服偏見；創意型問題偏重探索與啟發；關係型問題偏重同理心；領導力問題著重視野。

儘管問題的類型不同，但四類問題有個共通點：當我們問自己問題時，會出現一個簡而有力的現象——逼自己思考。更具體

地說，我們大腦思索問題時，我們進行的是「慢思」³，該詞被心理學專家暨諾貝爾獎得主丹尼爾‧康納曼（Daniel Kahneman）所用，專門形容費力的認知活動，目的是做出更好的決策、選擇與行動。

慢思可能簡單到只要在下決定或採取行動前按一下暫停鍵，問自己：我現在真正想要得到的是什麼？這個再基本不過的問題有助於你多思考，是個不錯的起步。但若你配備的是更周延、更刁鑽的情境問題，那麼你可以做更多的事情。你可以用這些問題提示或提醒自己從多個角度分析某個情況，或是挑戰自己的預設想法。我們若認真提問，有助於開發更多的可能性和選項，表示面對某個挑戰時，我們不僅能**更**深入思考，也能更面面俱到、更不偏不倚。

雖然本書的功能之一是分享事先擬好的問題，讓大家參考並應用於特定情況，但本書更大的目的是鼓勵大家養成提問的習慣，這麼一來你不僅可善用本書列出的現成問題，還可以慢慢依據自己的需求，另外量身設計適合自己的問題。

培養提問的能力一如鍛鍊肌肉，必須不斷操練才會強化與改善。儘管你覺得自己已掌握提問的訣竅，但仍有很多方法可協助你更上一層樓。從「推測式探詢」（speculative inquiry）乃至「肯定式探詢」（appreciative inquiry）都是可學習的模式。這兩個模式貫穿本書，我會詳細介紹。其實有方法可以協助你設計更好的問題，而拿出來與大家分享也需要技巧，諸如注意語氣與措辭上

細微的差異。此外，如何鼓勵身邊人士勇於提問（若你有心想成為領導人，這點尤其重要），也是有竅門的。

為了做到上述任何一點，我們必須克服慣見的惰性（懶得對自己與對他人提出需要深思的問題）。雖然本書剩下的部分會提供具體的訣竅與工具提升提問品質，但我希望一開始先廣泛討論一些不利我們問出好問題的障礙，以及何以努力克服這些障礙如此重要（尤其在今天所處的世界）。

我們可從四歲女孩身上學到什麼？

有人問我：「要怎麼做才能成為優秀的提問者？」我建議他們向一位真正的「提問大師」學習，這位大師不是愛因斯坦（Albert Einstein），也不是蘇格拉底（Socrates），而是一個普普通通的四歲小孩。

研究顯示，這年齡的小孩每天可以提出 100 乃至 300 個問題 [4]（有趣的是，其中一些研究顯示，四歲女孩發問的次數高於四歲男孩。這些女孩還真是終極提問機器）。

小時候東問西問可能看起來像是小孩在玩家家酒，其實不然，它牽涉到複雜、高階的思考。需要足夠的覺知才會**知道自己不知道**，也需要足夠的智慧才會開始行動彌補這缺口。哈佛大學（Harvard University）兒童心理學教授哈里斯（Paul Harris）指出，

年幼兒童很早就發現，他們想要的訊息可輕易從他人身上取得[5]，只要結合一些單字與音調上的變化形成問句即可。

若你能打開提問小孩的腦袋，看看裡面的作業情形，多少可以理解何以孩童老愛問「為什麼」。神經學研究顯示，僅僅只是對一個有趣的問題產生好奇心，就足以活化人腦裡負責獎賞機制的部分。[6]好奇心（打破砂鍋問到底的行為與態度），抱著好奇心會讓人覺得開心，因此問了一個問題後，往往還會繼續再問。神經學專家雪朗‧蘭加納斯（Charan Ranganath）建議，不妨把好奇心想像成一種狀態，例如「發癢」[7]，癢了就會忍不住搔癢，所以好奇心一旦發作，會刺激我們行動，這動作就是提問。

四歲小孩會不停地抓，直到被制止為止。在她熱衷發問的黃金期，有一陣子她會勤奮地問個不停，這個也問，那個也問，包括最基本的「為什麼」。長大後，我們很多人不願再問「為什麼」，以免別人覺得我們蠢，跟個笨蛋似的。愛發問的小孩不會被一堆東西阻撓而不敢發問，不像大人，隨著時間，對外在世界以及事情為什麼會這樣，累積了知識、偏見、假設等等，而變得不敢發問。小女孩的心思與想法既開放又沒有框架，是有利好奇心、探究與成長的理想沃土。

到了五、六歲左右，這愛問的「毛病」似乎開始有了變化。非營利組織「問對問題研究院」（Right Question Institute）專門替學校研究提問的情況，並針對提問設計了練習活動，該組織研究發現，問問題的頻率（至少是年幼學生在校用文字或口語提出

問題）似乎逐年下降。[8] 何以四歲孩童曾每天平均問 100 個問題的習慣，到了十多歲時卻只剩幾個，甚至一個不剩？

阻礙提問的五大敵人？

簡單又便宜行事的做法是歸咎於我們的教育系統，畢竟學校教育有一大部分放在考試以及提供答案。再者，我們的學校應再加把勁，多鼓勵學生提問。不過，顯然諸多的外力與壓力不利問問題。

我認為「阻礙提問的五大敵人」中，排名第一的是**恐懼**。雖然許多年幼孩童最初都是天不怕地不怕的提問者，但是從師長、父母、其他孩童等人身上，漸漸了解提問會有風險，例如暴露自己無知的一面（因為明明該知道卻不知道）。這對年幼學童而言是近乎天崩地裂的嚴重問題，隨著他們進入初中繼而高中這個充滿同儕壓力的高壓環境，這問題更不容小覷。學生擔心他們會提出「不合宜」的問題，諸如偏離主題、顯而易見的問題，也擔心只要提出**任何**問題，可能就會被同儕認為掉漆。小孩長大變成青少年，耍酷和「無所不知」基本上是一體兩面，否則至少也要表現出一副我不在乎的模樣。提問等於承認：一，你不知道；二，你在乎（雙倍的掉漆）。

從青少年變成了成人後，一樣會害怕在他人面前暴露自己

「無知」，有時候，這樣的恐懼可能更甚。小孩至少還有藉口稱自己年輕，年少無知；但成人沒有理由不知道重要的事。人們在職場尤其害怕提問，職員會擔心：我要是提問，是否會顯得自己不稱職，不知道怎麼做好分內的工作？提問是否會惹同事或主管不快？甚至威脅到他們？這些擔心並非空穴來風，因為有時候提問的確會讓人不快或是製造衝突。但是這些問題是有解的，只是多數人並不知道，畢竟學校（包括大專院校或是職訓課程）並未教導「提問」這門學問。但本書稍後會提到。

懶得提問，不僅發生在教室或職場，也發生在自家私密的空間裡。多問有助於改善我們與最親家人和朋友的人際關係，尤以有溫度、有同理心之類的提問最明顯。但是我們太習於給評語以及建議，亦即自己說個不停，卻鮮少向對方提問。

即使在私密的思考世界（當我們因為問題而陷於苦思或是試圖做出困難的決定時），我們容易擔心、不安、抱怨一些事情（或是乾脆避而不想不看眼前的困局）。這時我們應該用問題和自己對話，協助我們抽絲剝繭，找出困局的關鍵點。但我們也許不知該問什麼問題，或是擔心自己問了卻沒有答案。

若恐懼是阻礙提問的第一大敵人，**知識**則是緊追在後的第二大敵人。知道得愈多，愈覺得沒必要提問。但這會出現兩個缺陷。首先，我們會輕易掉進「專業陷阱」（trap of expertise）[9]，知識淵博者往往太過依賴既有知識，不願在既有基礎上，拓展知識領域，也不願與時俱進。這在巨變的時代，尤其危險。太過依賴既

有知識的另一個缺陷是：直白地說，我們並不像我們自認地那麼知識淵博。

這就帶出了阻礙提問的第三與第四天敵，而且兩者彼此相關：**偏見**與**傲慢**。說到偏見，有些是天生注定的，寫在基因裡；有些可能是基於我們自己有限的歷練與經驗。不管是哪一種情況，當我們在考慮一些事情時，若已有定見，可能不會那麼願意打開心房，把質疑那個定見的提問納入考慮。本書的第一部是關於決策，探討哪些方法可以改善對自己的提問，以便進一步了解自己的偏見，挑戰既有的定見。

但是要做到那一點，我們也必須正視傲慢，傲慢會讓我們相信自己的偏見無誤，而且壓根兒不是偏見（是**其他人**才有偏見！）謙遜與提問之間的關係很妙，若你缺乏前者，後者出現的頻率也會少些。你可能傾向於說出這樣的話：「我不知道的事，表示那事不怎麼重要」，或是「我只是根據我的直覺，而我的直覺十之八九是對的」，抑或「我不需要全程參與情報簡報，因為我實在聰明得很」。

最後一個不利提問的天敵是**時間**（或者說沒時間）。我們似乎不會挪出時間作為提問之用，這現象始於學校。隨便問問任何一個老師，他們的反應不外乎是，有太多資料要「下載」，根本沒時間留給學生提問。時間也是不利成人提問的更大壓力來源。為了對受訪的企業凸顯這點，我習慣引用已故單口喜劇演員喬治・卡林（George Carlin）的一句話：「有些人看到了一些事情，

會問『為什麼?』有些人敢於夢想沒發生過的事,自問『為什麼不呢?』還有些人必須上班,根本無暇理會這些鳥事。」[10]

卡林的笑話並非他自己的寫照(他本人是提問的忠實信徒,堅信勤質疑的重要性),但他的話如實捕捉到廣見於企業與日常生活裡的態度,或許如實的程度還今勝於昔。今天的生活步調更快、生活更複雜,大家鮮少有時間提問、沉思、進行批判性思考。我們承受龐大壓力, 必須快速做出決定,迅速做出判斷,不停地**做、做、做**,無暇也無須質疑我們**為什**麼要做?我們做的是什麼?我們是否應該乖乖聽話照做?

矛盾的是,明明時間有限,要做的事卻有增無減,只好急就章,最後可能導致時間使用效率下降,因為急就章的決定與行動會讓我們走上錯誤的道路。當今以及近代一些最成功和最忙碌人士對這點心有戚戚焉。

一個典型的例子:蘋果(Apple)已故創辦人賈伯斯(Steve Jobs)曾是全球最忙碌的人士之一,但他巡查公司各部門時,會有知有覺、習慣性地拋出「為什麼」之類的基本問題。在每一個部門,不管是行銷部還是會計部,賈伯斯說:「我一定問為什麼我們要按現在的方式做這些事。」[11]賈伯斯扮演著四歲好奇寶寶的角色,在公司各部門遊走,對他以及周遭的人產生了強大的影響力——強迫每個人重新思考現有的假說與定見。

我的研究發現,類似的好問習慣也見於高產能的企業領袖或有創意的專業人士。在馬不停蹄的行程裡,他們似乎總是有辦法

掐出時間對自己以及他人拋出需要深思的問題，特別是面對新挑戰、開啟新事業、建立新關係時。保持像四歲小孩那樣無畏、沒有框架以及好問的習慣，是他們之所以成功的部分原因。

我們都可以這樣做：釋出內心裡那個好問的四歲小孩。我在大學、企業、政府機構進行「問題激盪」課時，發現只要條件合適，與會者會很快進入狀況，問**一大堆**問題，也不怕提出**基本**的問題。不用花太久時間，他們就會像個好奇寶寶開始提問，只要給他們一些鼓勵與提示即可。而這種提示可以來自於自己（這是本書的重點之一）。若你想讓自己像個四歲孩子一樣看事情，不妨先問自己：一個四歲孩子會怎麼看這情況？

我們可以怎麼培養 提問的習慣？

最難的部分可能是把提問變成習慣。在按部就班的練習活動裡，大家比較容易成為更好的提問者。但若想真正發揮影響力，提問必須變成常態與例行公事：例如應該納入我們的工作方式裡，應是在早上上班途中做的事，應是我們與他人日常互動時少不了的一部分。要做到這一點，我們必須克服不利提問的五大阻力。

要克服在其他人面前提問的恐懼感，唯有「以毒攻毒」、「以問攻不敢問」，一次提出一個問題。有小組練習可以提供協助，我會在本書分析這些練習活動。對某些人而言，最大的顧慮

之一是提問可能讓他人覺得你怎麼這麼無知（尤其是問到「為什麼？」這類難度很低的基本問題或「如果……會怎樣？」的假設性問題）。不過這個風險值得一試。那些所謂很瞎、很無厘頭的問題到頭來可能影響力最大，因為可帶出見解與改變。所以大膽提問吧，讓心無提問的人思考他們可以問什麼問題。

誠如我之前所言，出於畏懼不敢提問，這樣的心態甚至會延伸到自我懷疑。儘管沒有人對你指指點點，但你還是會擔心：「若我發現，我問自己的嚴肅問題沒有現成的答案怎麼辦？」預期每一個問題都能夠也應該馬上有答案，這種觀念自小在學校被灌輸，繼而被 Google 這個強大的搜尋引擎所強化（很不幸），但很多棘手以及重大的問題，並不適合求速解。

對自己拋出具挑戰性的難答題其實是有意義的，就算你那時（搞不好**特別是**當你那時）沒有現成的答案，提問的意義反而更人。想著你正在思考一個棘手的問題，可能是難下的決定、一個需要你解決的創意性問題、希望人生有些改變，那麼把心思放在難解的問題上，很快地，觀點以及更清楚的方向就會一一浮現。所以訣竅就是自在地與問題為伍，迎戰它，努力想出解決辦法，並在過

你是出色的提問者嗎？自問以下問題

- 我是否不擔心被他人認為很白癡很幼稚？
- 我可以很放心地提出沒有立即有解的問題嗎？
- 我願意離開我熟悉的領域嗎？
- 我是否願意承認自己可能錯了？
- 我是否願意放慢速度、認真思考？

程中有所學習與成長。總而言之，沒必要一定得立即給出答案。

說到克服第二至第四的「提問天敵」（知識、偏見、傲慢），主要辦法是願意從我們已知（或自認已知的）領域往後退，騰出空間，廣納新的觀點、想法、可能性等等。我們該如何訓練自己做到這點？這問題問得漂亮，也是近日大眾熱議的熱門話題，這可從不少文章與論文討論我們大家心態上必須更開放，並願意「走出自己的小圈圈」得到印證。

本書有許多問題可以幫助你改變觀點與思維。這些問題基於批判性思考理論、「去偏見」（debiasing）理論以及常識。但是這些問題也可能對你無濟於事，除非你願意：一，養成問這些問題的習慣；二，夠謙虛與夠彈性，願意按照問這些問題所學到的心得，調整自己的思維。

至於最後一個（也最難纏的一個）不利提問的天敵——時間，我們採納了各種不同的方式，讓你能擠出時間進行需要深思的自問自答。但是為了讓提問的影響力深入你的決策、創意、人際關係，提問必須融入這些活動，諸如決策的過程、完成創意專案或是與他人互動等等，這些活動都少不得提問。這意味我們必須放慢這些活動與流程的速度。在急就章的世界，大家都飽受「快點完成」的壓力，要求大家放慢腳步似乎是強人所難，有些過分了。

但我認為，若我們覺得某件事夠重要，我們多數人會認真想辦法找出時間。所以總而言之，若想克服沒時間提問，只要問自

己這個問題：這件事是否真的值得花時間做？

為什麼提問的重要性
更甚於以往？

　　善於提問一直是重要技能。但在這瞬息萬變的時代，提問已是 21 世紀攸關生存的技能。從個人職涯的觀點而言，若要保持成功不墜，必須能夠持續學習，還得與時俱進，不斷更新並調整我們已知的資料庫。我們得時時對著每天的例行工作求新求變，創新再創新。若不經常提問，這一切都不可能。

　　同理，在這樣詭譎多變的工作環境裡，每個人被迫不停地研究與學習，以求生存與成功。組織也不例外，畢竟即便是老字號的成功企業也面臨動盪與巨變。因為技術日新月異、全球化以及其他外力的影響，當代企業界幾乎各行各業都面臨改頭換面，就連非營利組織、政府機構、各級學校也受到類似衝擊。

　　訪問領導百年企業的高階主管時，其中一些人坦言，不知道接下來會發生什麼，而他們千錘百鍊方有所成的商業模式與做法已不如之前有效。一位執行長告訴我：「公司現在的做法幾乎全都得翻盤，重新思考方向。」

　　這位執行長接著補充說，公司上下各級員工，許多人面臨非改變不可的壓力，特別是改掉行之多年的作業方式，這讓一些人極不習慣。畢竟他們早已習慣於將自己視為所在領域的專家，現

在卻被要求使用全新的方式，接納全新的思考模式。他們不僅要管理與維護現狀，還得創新與創造。

這樣的調整並不容易，但我們所有人（不管相信與否）都有創意，只不過需要一些協助，強化我們對創意的自信，並能以全新方式看待潛在的創意機會，繼而努力實踐這些機會。

有些問題未被充分賞識，好的問題能催人奮進，反觀有些問題會扯後腿，不僅減緩事情的進度，也會讓我們充滿懷疑而裹足不前。當我覺得意興闌珊時，正確的提問會另闢一條思維大道。若我覺得「卡關」，準備放棄一個創意專案時，提問可以說服我改變想放棄的初衷。若我不確定自己的想法是好是壞，也不確定它哪部分需要協助，提問可以輔助你做必要的分析，也能藉提問徵求他人的意見與回饋。

當今企業界與非企業界對創意需求若渴，所以你有非常多的機會與管道讓想法與創見開花結果。這麼做，你的職涯會更上一層樓，生活也會更有品質（研究顯示，創意工作讓人更開心更健康）。更重要的是，你搞不好能對社會貢獻出創意十足的解決方案或是激勵人心的見解，我們這個世界亟需這兩點。

提問可以拉近我們之間的差距嗎？

諾貝爾和平獎得主艾利・維瑟爾（Elie Wiesel）曾經說道：

「人們因為問題而團結，因為答案而分裂。」[12]

那些「答案」往往只是意見，卻披上百分之百確定的外衣，反而讓我們分裂得更厲害。儘管當今社會分裂的程度更甚以往，不過我們有根深柢固想要和他人建立關係的強烈需求，愈來愈多證據顯示，人與人之間的連結是過得更開心與更有意義的關鍵。[13]

愈來愈多人擁抱科技，藉科技之助與更多人連結，但人數**多**不代表更**深入**。說到可豐富人生、讓人生更精采的人脈，愈深入愈好。為了建立更深入更有意義的人際連結，沒什麼技術含量、常成為遺珠的提問是很棒的現成工具。

最起碼，提問可以幫助我們理解對方，產生同理心。當你問一個人問題時，表示你對那個人有興趣，也給對方機會，願意敞開心分享他的想法、感受、故事等等。問題問得愈好，愈能激發對方分享的意願。

我們對親近以及熟悉的人（包括配偶、家人、商業夥伴、一輩子的好友等等），不太會問問題。這樣的關係可出現巨變與改善，若我們停止給對方建議、批評、意見，改以問問題以及傾聽。改用「提問模式」甚至可以化解敵對關係，近來在市政廳的里民大會以及假日餐會上，大家往往意見不合互傷感情，連帶也造成社會撕裂。

難處在於用問問題伸出觸角、打開對話之窗，而非激怒對方大吼大叫。廣播電臺主持人與提問專家克莉絲塔·提佩特（Krista

Tippett）說過：「面對帶挑釁的問題，人很難不被捲入；面對有溫度的問題，人很難抗拒。我們生來就會設計問題，用問題讓對方誠實、有尊嚴地暢所欲言。」[14]

提問是與他人連結的特效工具，因此如何問得漂亮，應被視為關鍵的領導活之一。但這也凸顯一個近來被熱議的問題：若領導人接受不確定性、樂於提問、承認自己有弱點，能否無損他強勢又自信的領導地位？

這答案無疑是肯定的：幾乎在各行各業，領導力面臨的挑戰愈來愈複雜，要求也愈來愈高。過去，身為領導人意味你在某個領域或某個組織裡有一定程度的專業與權威。因此，你被眾人視為能夠自信地發號施令，告訴其他人該做什麼的角色。不過在今日快速變化的時代，若口口聲聲說自己擁有所有問題的答案，這樣的領導人很可能帶著大家走上懸崖，一個不小心就粉身碎骨。

不論是今天還是未來，有遠見以及行動力強的領導人必須能夠找出繼而挑戰一些預設想法，這些想法可能會限制團隊、組織乃至整個產業的發展潛力。問的問題以及提問的技巧出現在本書的領導力章節，可以協助讀者成為所在領域的「提問式領導人」（questioning leaders）。

此外，提問也是識出並選出優秀領導人的必要一環。若我們無法問正確的問題，我們也許無法知道該相信誰，該信任哪些消息來源，也不知如何在混亂不清的世界裡做出明智的抉擇。

如果民主的未來取決於提問
那會怎麼樣？

天文學家（也是鼓吹提問的大將）卡爾‧薩根（Carl Sagan）
1996 年過世前幾個月，接受生平最後一次訪問，對主持人查理‧
羅斯（Charlie Rose）說：「若我們不能提出問題質疑對方……
不透過提問深究哪個人說的是真話，不對高高在上的權威人士打
上問號……那麼下一個唬爛的政治大咖或宗教神棍就等著我們追
捧膜拜了。」[15]

過了 20 年，此言的真實性更甚以往。但是身處於「另類事
實」（alternative facts）的年代，問題是，我們是否知道怎麼提
出薩根談到的那些帶有質疑、又能深究真相的問題？以及當我們
真的提出這類問題，我們願意接受抵觸我們既有看法的回應嗎？

為了要一石二鳥，兼顧前者與後者，我們必須有批判性思
考力。心理學家與批判性思考力專家丹尼爾‧列維廷（Daniel J.
Levitin）認為，當今時代不易做出周全的判斷，因為海量的訊息，
讓我們腦力難以招架，做出周全的判斷與評估。他說：「面對超
載的資訊，我們降低了思考力與批判力，高舉雙手認輸，坦言『資
訊多到來不及思考。』」[16]

若資訊真的超載，我們會根據情緒或「直覺反應」做出重要
決定，而非根據證據或邏輯。為了提高決策能力，我們得精進批
判性思考力。為了做到這一點，必須用一組犀利問題壯大自己，

以及願意在做出判斷之前持續地自問並深思這些問題。

透過這類提問，我們可以進行薩根所謂的「唬爛偵測」（baloney detection）[17]，拆解政治人物、廣告商、立場偏頗新聞網做出的不實說法或偏頗論點。這是個技術活，比以往任何時候都來得更必要，畢竟我們現在這個世界充斥唬爛言論，加上精心包裝與偽裝，這些言論幾可亂真。

儘管我們盡了最大努力過濾與篩檢不可靠的信息，日後還是可能被不斷推陳出新的假資訊淹沒，所以必須仰賴自己內建的唬爛偵測器把關，而這個唬爛偵測器就是靠提問發揮功能。

我們在下決定時，應多進行批判性思考，批判性思考不該僅限於選擇哪個政治人物或哪樣商品。例如該不該接受某個工作機會、該不該冒險嘗試新事業、該不該響應新的天職感召等等，都需要嚴謹的思考與提問。其實日常生活裡，個人決定多半不太受外力操控與影響，例如「假新聞」不會左右你的職涯選擇。但這些由個人拍板定案的決定會被自己心裡歪曲誤解的力量左右：亦即認知偏見。為了讓自己在生活各方面做出更好的決定，我們必須覺知自己有那些偏見，並透過嚴謹的反問一一檢視。

下一個章節會提供對策並列出多組問題，幫助你完成這項作業。透過提問，我們可以更精準地評估風險，克服不理智的恐懼，找出什麼東西最符合我們長遠的利益；我們可以辨別哪些是唬爛言論與一派胡言，認清虛實與真偽；我們也可以更清楚哪些對我們最重要，哪些是自己熱愛以及想追求的東西。只

要做對決定，這些都不是問題。那麼我們就先針對這些決定問
些更深入的問題吧。

第一部

透過提問做出更好的決定

做決定時，我為什麼應該問問題？

　　每天我們面臨各種問題，要我們拍板定案給個決定。有些是微不足道的問題：例如我早餐要吃什麼？我該不該讀這條新聞還是跳讀到下一則？有些問題則較有分量：例如我應該接受那個新項目嗎？要跟上司討論工作上的問題嗎？是時候為家人另覓房子了嗎？

　　想要盡快給這些問題答案是人之常情，畢竟何必浪費時間猶豫不決呢？不管你是在想到底要穿哪件衣服、還是考慮要不要接受那份工作，時間都是不等人的。通常問題沒有「正確」答案──就算有，誰知道會是什麼？因此很多人認為，沒必要想太多，不妨當下感覺對了就去做，換言之，「跟著直覺走」。

　　跟著直覺走是有道理的，並非無的放矢。這可印證於頂尖企業領導人中，不少人在做重要決策時，靠「出色的直覺」，並因此打響名號。這類精采故事常見於財經媒體。「直覺」真正成為時尚與風潮源於麥爾坎‧葛拉威爾（Malcolm Gladwell）2005 年的暢銷書《決斷 2 秒間》（*Blink*），該書舉了不少靠直覺瞬間完成重要決定並締造斐然成績的例子。

　　但愈來愈多研究指出，直覺（下決定時，依循天生習性進行思考或做出反應）沒有想像中那麼值得信任，因為我們會受制於根深柢固的偏見、莫名其妙的自信，還會非理性地一味規避風

險，加上一不小心可能就會掉進各種決策陷阱。

賓州大學（University of Pennsylvania）華頓商學院（Wharton School）教授凱瑟琳・米爾克曼（Katherine Milkman）鑽研決策多年，並發表相關文章。她說：「科學並不支持跟著直覺走，更正確地說，科學支持與直覺完全相反的決策模式。」[1]心理學家與決策專家列維廷有同感，稱若你根據直覺做決定，「直覺錯的次數會高於對的次數。」[2]

所以我們該怎麼辦呢？若牽涉到重要決定，我們該相信的是證據而非感覺。應該外求資源與不同的觀點，突破自己的偏見與有限的見解，同時也讓自己有更多的選項（專家表示，選項多是做出更好決策的關鍵因素）。此外，我們也會有意識地克制過於謹慎或過於關注短期利益的傾向，努力放手做出更大膽、更有前瞻性的決策。

不過要做到上述任何一點，除非我們願意思考與提問，深究我們要做的決策。在這一部，我們會點出何以你在做決定時，得質疑自己的決定（至少是若干決定），並解釋哪些質問技巧似乎最為有效。本書會建議你如何善用問自己問題，做出更平衡的決策，以及如何克服怕失敗的恐懼，做出更勇敢的決策。問對問題甚至有助於下人生最重大的決定，諸如找出你的熱情所在，這樣你就能確定想要追求的目標與夢想。

至於較小的決定，諸如該穿哪件外套才合適？今早上班走哪條路最快？其實每天大大小小每個決定不一定都得經過嚴謹的提

問，畢竟該做的事還是得把它完成。暢銷書《質變的決定》（The Decision Makeover）作者麥克‧惠塔克（Mike Whitaker）建議，與其花時間分析雞毛蒜皮的決定，不如「開心地與它們打交道」[3]，利用這些微不足道的決定訓練自己的創意與自發性反應。早餐吃冰淇淋嗎？照著自己的直覺走吧。

但是有分量的重要決策，諸如事業或職涯發展、人際關係、金融投資、該選哪個候選人等等，無不值得我們花更多的心思與周延的考慮。而這也讓我們在決策時面臨一個難題：許多人並不是特別**喜歡**思考困難的決定，畢竟過程讓人不安又焦慮。

困難的決定要求我們在不確定的情況下做出選擇，迫使我們迎戰未知，所幸提問正是為了這個情況而設計的工具。研究提問的機構「問對問題研究所」研究員史蒂夫‧卡特拉諾（Steve Quatrano）指出，提問能協助我們「圍繞不知道的事物來組織思考」[4]。

想像你與生俱來的提問能力是一支手電筒，而眼前要做的決定彷彿黑漆漆的房間，你每問一個問題就會照亮一部分空間（問題問得愈好，打出的光就愈多）。當我們面對各種未知數，難以下決定時，每一個提問（我現在試圖要決定的東西是什麼？什麼東西最重要？什麼關鍵訊息是我有或沒有的？）都有助我們看得更清楚些，有助我們突破未知往前邁進。

問問題也會讓該怎麼下決定這個難差事容易些，甚至覺得有趣並樂在其中。問題猶如向思考招手的邀請函，幾乎讓人難以拒

絕：問自己一個有趣的問題，彷彿丟一個謎題讓腦子去解題。在做重要決定時，給自己思考的邀請函愈多愈好，因為有太多外力會把我們拉走，完全不讓我們思考。

***

我們的基因似乎已習慣依本能快速地做決定，這要歸咎於我們生活在蠻荒叢林裡的遠古祖先。列維廷指出，我們的祖先必須根據有限的資訊快速做出判斷，例如葉子發出的沙沙聲代表什麼，然後把這些依本能的求生技能代代傳了下來。當我們做決定時，會遵循這些本能，結果反應速度過快，反而得不償失。

要說服人放慢速度並非易事。下決定前應多想想，花些時間蒐集證據，權衡證據的真偽，但這些都有違我們的本能。列維廷說：「這些都與演化背道而馳。我們祖先因應環境發展出認知功能，但當時祖先面對的世界遠比現在的世界單純多了。」[5] 至少就訊息量以及事情變化的速度而言如此。列維廷接著說，這導致「大腦固著現象」（fixedness in the brain），「這種現象不利我們今天做決策。」

除了大腦固著現象，從認知角度而言，我們人還有些懶。凱瑟琳·米爾克曼、傑克·索爾（Jack Soll）與約翰·佩恩（John Payne）等教授針對決策習慣所做的研究顯示，人類慣用瞬間決斷，因為「我們人是認知吝嗇鬼（cognitive miser）[6]，不喜歡在

不確定的事物上花心思」。

　　不管是什麼理由，現在是時候問自己：為什麼現在做決定時好像我們還在遠古的蠻荒叢林裡呢？現在做決定，可能的確有不得超過最後期限的壓力，但是獅子並沒有全速朝我們衝過來啊，通常我們還有些時間思考（尤其是做重要決定時）。現代生活中，我們要做的決定比較少關於如何在生死一瞬間求脫困保命，更多的是關於如何在複雜的環境中行動自如不迷航，同時又能提高產能以及過得開心。不同於我們的祖先，他們往往得仰賴直覺，而我們現代人擁有充分的資訊（其實有時候是過多的資訊），滑一下手指就可以取得資訊，協助我們做決定。

　　如果我們不善用可用的時間與工具，不設法提高自己決策的品質（亦即我們選擇**不**深入思考或嚴謹提問），這本身也是一種決定。但這決定並不是好的決定。

　　根據專家約翰·哈蒙德（John Hammond）、拉爾夫·基尼（Ralph Keeney）、霍華德·瑞法（Howard Raiffa）的研究，人類做決定時，容易陷入幾個「決策陷阱」。[7] 他們在有關決策的研究報告中列舉了一些陷阱，包括：

　　·恐懼未知：這會讓決策往安全牌偏移（這也是何以研究員指出，當有個機會出現，決定要改還是不改時，很難抗拒「安於現狀的磁吸力」）。

　　·習慣將注意力放在錯誤的資訊（今早你在報紙上看到

的一篇報導會對你今天下午要做的決定有極大影響）。

．對自己的預測過於自信。

．傾向於只注意到支持自己預設看法與偏見的訊息。

　　思考一下這些習性與傾向可能會如何影響決定：假設公司願意替我升官加薪，但我得離鄉背井，從紐約搬到西雅圖，管理新的分行。我「安於現狀的偏見」（status-quo bias）立刻讓我對改變現狀起了反感（改變有風險，誰知道有沒有致命的猛獸潛伏在西雅圖的灌木叢裡）。此外，有位朋友最近告訴我，他曾經在西雅圖住過幾天，不喜歡那個城市。其次，我非常篤定（雖然沒有人提過，但我**感覺**得到）再過不久我就會是紐約分行的負責人。為了確定我的決定無誤，我用十分鐘上網 Google 了一下西雅圖，文章是不少，挑來撿去選了一個旅遊作家寫的文，他砲聲隆隆轟西雅圖過於擁擠，對咖啡重度上癮。而我根本不愛咖啡，因為這點，我做出了最後決定。

　　在這個劇本裡，我陷入哈蒙德、基尼、瑞法所提出的四個陷阱。儘管我可能覺得做出不去西雅圖的決定有其充分理由，但其實是基於不理性的恐懼、過於自信的預設立場、幾個隨興挑選的個人觀點（但這是他人的想法並非我自己的）。這些無濟於做出好的決策，儘管做決定時，這些參考值**感覺**很具分量。

　　我們快速下論斷時，仰賴的是對現況有限或扭曲的看法，但

卻自以為我們的想法完整而精準。根據心理學家康納曼的研究，他給這現象取了一個名字：「你看到的就是全貌。」（What you see is all there is，簡稱 WYSIATI）。康納曼的解釋是，我們會根據有限的所知，編寫自己的故事與說法，不允許我們不知道的部分進來插一腳。[8]

有趣的是，康納曼的研究發現，有些人能夠在某些情況下做出又快又準的評斷，但這只是因為他們比其他人更清楚地掌握那個情況（多半是基於過去的經驗）。誠如康納曼所言，一個西洋棋高手在下每一步棋時，可能有可靠的直覺與本能，因為這是類似決定日積月累的結果，讓他們可以借鑑與依靠。因此回到這個問題：「下決定時，我應不應該仰賴直覺？」科學的見解是，若想仰賴直覺，唯有你是西洋棋大師，或是擁有類似日積月累的特定經驗，以及在特定情況下重複做過大同小異的決定。

我們多數人並非西洋棋大師之類的人（儘管我們可能認為我們是）。康納曼寫道：「過度自信是因為人們常常對自己的盲點視而不見。」[9] 他們「打心底相信自己擁有專業知識，表現像個專家，看起來也像個專家」，但其實「他們可能只是沉浸於自我營造的幻覺之中」。

與其問：「我應該相信自己的直覺嗎？」不如問：「我怎樣才能克服直覺？」

而這問題帶我們進入了本書的核心命題，也是這一部的重中之重：當你做決定時，應該設法克服本能反應、避免陷入「決策

陷阱」、降低「視而不見自己盲點」的程度，這些都只須透過多問問題得到改善。若一如康納曼所言，我們之所以做出糟糕的決定，是因為視野受到侷限，那麼若能開拓視野（借用問問題這支強光手電筒），結果會怎樣？

為什麼我堅信我相信的東西？（若我錯了，怎麼辦？）

若想借用問問題手電筒開拓視野，第一步就是得自己動手打開手電筒的電源。想做出更好的決策，首先得提問題質疑自己的信念、偏見與預設立場。少之又少的人會這麼做，畢竟這非常不容易做到（有些偏見無論我們怎麼努力搜索，依舊深藏不露）。更有甚者，在這慣於尋找同溫層意見〔又稱「回音室」（echo chamber）〕的時代，要開拓視野更是難上加難。今天，若一個人傾向相信某個人或某件事，或已有了定見，他會自然而然尋找強化或證實既定想法的資訊，避開挑戰或抵觸既定想法的訊息。Facebook 動態消息演算法讓用戶接觸多半與其既定偏好相符的新聞與資訊 [10]，持續加深用戶的「確認偏誤」（confirmation bias）。

1978 年諾貝爾物理獎得主阿諾・彭齊亞斯（Arno Penzias）被問及什麼原因造就了他的成就？他說他已習慣每天會問自己問題，他稱這些問題是「頸要害問題」（jugular question）。[11] 他說：

「我每天早上起床後第一件事就是問自己：『為什麼我堅信我相信的東西？』」彭齊亞斯認為有件事在每次做決定時至關重要，就是得「不斷檢查自己的預設立場」，因為我們的預設立場和先入為主的觀念會大幅影響決定（有預設立場以及傾向於證實自己的預設立場，是上述揭露的四大「決策陷阱」之一）。

要想全方位地檢視自己對某個議題有什麼樣的預設立場，以免影響自己的決定，不妨把彭齊亞斯的頸要害問題拆解成三部分：「什麼？」、「為什麼？」以及「如果⋯⋯會怎樣？」第一部分只要設法找出自己一些偏見或預設立場，首先要問的問題是：我對某個特定議題有什麼預設看法？再舉上面那個「西雅圖的工作機會」為例，這個在一開始就要問的問題（what）可以協助我們分析自己對西雅圖可能有的感覺與預設立場，對於搬到另一個城市會遇到的挑戰有什麼感覺與看法，以及對於在新成立的分公司工作有什麼想法等等。

從「什麼」問題進入到「為什麼」問題，我們回到彭齊亞斯問問題的**初衷**——努力找出你為什麼對某個議題有這樣的想法與感受，找出背後真正的原因與基礎。藉由思索為什麼（或許也可以靠深究，或是和他人聊天互相討論），我們開始看清原先的想法或直覺是否禁得起放大鏡檢視。我們也許會了解，原先的想法與感覺幾乎找不到證據支持。該想法也許曾經站得住腳，但是今天再也行不通了。這個現象非常普遍，因此作家丹尼爾‧品克（Daniel Pink）建議大家常態性地問自己：我以前曾經相信而今

覺得不再成立的東西是什麼？ [12]

當你自問：為何我堅信自己相信的東西沒有錯？這時可別忽略「期許偏誤」（desirability bias）。[13] 專家研究發現，期許偏誤影響力極大，甚至可能超過被熱議的「確認偏誤」。要釐清你對某個議題存在什麼期許偏誤，可問自己一個簡單的問題：我希望什麼是真的？回到剛剛那個例子，你決定要不要應聘 X 公司職位時，你可能強烈直覺或相信你會在 X 公司大放異采，因為你希望那會成真（樂觀固然是好事，但太過一廂情願可能會壓縮批判性思考力）。

深思「什麼？」與「為什麼？」之後，繼而登場的問題是「如果……會怎樣？」如果我對這個議題的想法或預設立場錯了怎麼辦？探索這個可能性與後果時，不妨使用簡單又見效的策略：找出你對某個議題深信不疑的看法，然後一百八十度換個想法，覺得相反的看法可能才是事實。杜克大學（Duke University）教授理查・賴瑞克（Richard Larrick）是研究「去偏見」的專家。他指出「逆向操作」不過就是問自己：「哪些理由可以說明我一開始的判斷可能有錯？」[14] 賴瑞克說，這個問句之所以有效，是因為「可以把注意力導向相反、原本不會被考慮的證據」。

電視劇《歡樂單身派對》（*Seinfeld*）裡的喬治・科斯坦札（George Costanza）一角曾採用「反喬治之道而行」（Opposite George）這招，而且至少有一些科學根據。[15] 1994 年該劇某一集裡，喬治（接受傑瑞的建議）終於想通了：既然跟著直覺走總是

誤入歧途，他決定反偏愛之道而行；換言之，讓「反喬治之道」接管一切。

劇中，喬治的所為所思全反著直覺而行，結果他的感情生活與事業反倒起了奇蹟式改變。但在現實生活裡，「反其道思考」意不在提供清晰可靠的解決辦法，而是打開你的思維，讓你能超越衝動與直覺，看到更多的可能性。相反的選項最後**搞不好**才

問以下四個問題，檢查自己有哪些偏見和想法

• **我對某個特定議題有什麼預設看法？**從試著清楚表達自己的想法／偏見開始。

• **為何我堅信自己相信的東西沒有錯？**諾貝爾物理獎得主彭齊亞斯用這問題逼你思考你堅信的想法背後的本質。他稱這問題是「頸要害問題」（意味舉足輕重）。

• **我希望什麼是真的？**這個「期許偏誤」可能誤導你，讓你認為某件事是真的，因為你希望它是真的。

• **如果相反的想法才是對的怎麼辦？**這個問題的靈感來自於「去偏見」專家與《歡樂單身派對》的角色喬治‧科斯坦札。

是不錯的選項；但相反的選項也可能告訴你，你的第一直覺是對的；再者，相反的選項亦可能讓你認清，最佳路線介於上述兩者之間。

我的思考方式像個士兵還是偵查兵？

提問質疑自己的想法，以便騰出空間容納其他抵觸自己原先想法的意見與看法。根據列維廷的說法，要做到這點，「你必

須夠謙虛，承認自己並非無所不知，或是承認自己有些自以為是。」[16] 這違背許多人的天性，畢竟人習慣捍衛自己所相信的東西。我們希望能面面俱到各種不同的觀點、評估不同證據的優劣、繼而做出深思熟慮的決定，不過動不動就反駁，拒「他者」於千里之外，可能讓這些受到阻礙。

為了說明這一點，「理性應用中心」（Center for Applied Rationality）的共同創辦人茱莉亞‧嘉麗夫（Julia Galef）以妙不可言的問句提供一個讓人一看就懂的隱喻。嘉麗夫建議我們問自己這個問題：我是士兵還是偵查兵？[17] 她指出，兩者的心態截然不同。士兵的職責是保護與抵禦敵人；偵查兵的工作是搜尋與了解敵軍的真實狀況。這兩個南轅北轍的心態也可以應用到我們每個人日常生活裡怎麼處理資訊與想法。嘉麗夫說，做出出色的決定很大程度取決於你抱持什麼心態。

偵查兵（或任何一種探險家）的心態根植於旺盛的好奇心。嘉麗夫指出：「偵查兵比較可能會說，很開心學到新知或是解決了一個難題。碰到與自己預期抵觸的事，他們比較可能的反應是有趣與好奇。偵查兵明智、實事求是：他們的自我價值無關乎他們對某個主題的對與錯。」

換言之，偵查兵具備「智識上的謙遜」（intellectual humility），這詞近幾年來很夯，不少文章、部落格文與書籍都引用它。Google 執行長拉茲洛‧巴克（Laszlo Bock）也推波助瀾，曾公開宣布，到該公司應聘的人須具備智識上的謙遜。[18]

專家把「智識上的謙遜」定義為「以開放的心態面對新想法，願意接受證據來源不只一個管道」。[19] 作家暨維吉尼亞州大學（University of Virginia）教授愛德華・赫斯（Edward Hess）極力倡議智識上的謙遜，認為該特質是未來一個人發光發熱的關鍵。他說，我們人類已無法和人工智慧競爭，除非我們人類持續學習、摸索嘗試、創造、適應。[20] 要做到上述幾點，我們必須一輩子扮演謙遜好問者的角色。從赫斯替自己書籍取名《謙遜是新式聰明》（*Humility is the New Smart*）就可看出他的立場。

若「舊式聰明」意味拿高分、知道更多正確答案、不犯錯等等，那麼「新式聰明」的衡量標準則是一個人保持靈活應變與適應力的能力。赫斯指出，為了做到這點，我們得避免花過多心思在自己的想法與專業上。他繼續解釋道：「我必須把我的想法與自我切割，一分為二。我必須保持開放的心態，把自己的想法當成假說，不斷被更新且更完整的數據驗證與修正。」

以下問題可測試你是否具備「智識上的謙遜」

● 我習慣用士兵還是偵查兵的心態思考？士兵的職責是防禦，而偵查兵的角色是探險與發現。

● 我寧願求自己是對的，還是寧願求了解？若你過於重視自己才是對的，會讓你處於「防禦」模式，豎起心防，阻斷學習與理解。

● 我會主動拜求或尋找反對的意見嗎？別問對方是否同意你的看法，問他們是否有不同的意見，並請他們解釋為什麼。

● 我樂於發現自己錯了而產生的「意外之喜」嗎？發現自己錯了，無須為此覺得丟臉，這代表智識上的開放與成長。

儘管謙遜往往與懦弱聯想在一起，但赫斯認為，更正確地說，謙遜應該是「對世界保持開放心態」。他說：「我必須克服反射性的思考方式，得學習縮小自我、克服恐懼、掙扎於要戰還是要逃，就這一點而言，智識上的謙遜應被視為勇敢而非懦弱。」赫斯相信，如果我們擁抱智識上的謙遜，將受益良多，從創新乃至公民論述無一不受惠，因為「重要的不再是誰對誰錯，而是了解什麼才是對的」。

　　要克服「求正確」的衝動與欲望，必須透過有意識的努力。創投專家克里斯多福・施羅德（Christopher Schroeder）說，他用以下的問句提醒自己保持開放心態：我寧願求自己是對的，還是寧願求了解？[21]

　　施羅德說：「若你堅持你才是對的，會把自己鎖在同溫層的回音室裡，導致你做出糟糕的決定。」另外一位我訪問的創投專家表示，在決定是否對某個新創公司注資時，會使用類似施羅德的問題，只不過他微調了一下問題，問的不是他自己，而是考慮注資的對象：這個人寧願自己是對的，還是寧願事業成功？這位創投專家傾向把錢給後者。

　　背後的理由是，若一個實業家過於重視自己最初的想法是對的，竭力證明自己沒錯，影響所及，可能不利該想法順利問世，因為這位實業家可能拒絕修改初衷，或是不願承認一開始的商業計畫有缺失，繼而修正。創投專家以他過來人的經驗發現，成功的實業家對於反饋意見持開放心態，也不排斥被他人指證錯誤，

因此樂於學習、願意改變，並適時改進他們的想法或產品。

　　顯而易見，「證明自己是對的」影響的不僅僅是商業決策，在政治上也同樣站得住腳。許多人可能打死不願承認他們投下的一票是錯的，儘管鐵錚錚的證據會說話。在人際關係上，堅持自己是對的往往會讓爭吵與不睦沒完沒了。毫無疑問，驕傲是上述現象的癥結：相信自己是對的，或是被想法一致的同溫層告知自己是對的（沒錯，你一直都是對的），這感覺的確讓人很爽，但這無助於提升學習、理解、決策，也不利社會整體前進。

　　嘉麗夫說，若我們真的想提高個人以及社會的判斷力，應該努力改變以下這個慣性：相信自己判斷是對的，也要改變被證明自己判斷有錯時的反應。[22] 她說：「當我們發現自己可能對某件事判斷錯誤，我們可能需要學習讓自己覺得自豪而非羞愧；或是當我們遇到一些抵觸自身信仰的訊息時，學習讓自己覺得好奇而非豎起心防。」嘉麗夫有她自己的問句版本，對抗「自己是對的」的陷阱。她建議大家問自己：「你最渴望的是什麼？是捍衛自己的信仰？還是盡可能清楚地理解這個世界？」

　　若你有心爭取後者，表示你已能夠開始用更開放的心態、在更充分掌握資訊的條件下做決定。

別人說什麼，
為什麼我應照單全收？

對新信息抱開放態度不代表你應該不打問號地全盤接受，反而應該把內心質疑的手電筒打開，照亮你遇到的聲明、觀點、證據。好好斟酌與評估該信息，努力做出合理的決定與判斷，這才是批判性思考。

「批判性思考」聽起來老掉牙也給人負面感。鑽研批判性思考力的專家尼爾‧布朗（Neil Browne）說，「這詞糟糕透頂」[23]，尤其是這詞根本無法吸引需要學習善用這類思維的年輕學生（布朗認為，既然需要敏捷、靈活的思考，也要有過濾錯誤論點的能力，何不用「忍者思維」，搞不好更有吸引力）。

擁有批判思維（或忍者思維）的人會努力根據鐵錚錚證據下決定以及做出判斷，同時設法保持客觀與公正。人需要花些力氣才能進行心態開放的批判性思考，而非僅是簡單地預設立場或全盤接受。所幸好消息是，我們不難掌握一些批判性思考所需的基本步驟。真的只是問些基本核心問題[24]（但你必須知道在什麼情況下問什麼問題最有效，也願意不嫌麻煩地花時間提問）。

這些核心問題是什麼樣子？你會在不同的清單上看到不同的「批判性思考」問題。不過布朗以及其他批判性思考專家均指出，好問題的第一個特徵是「佐證」，用以確定接收到的新資訊是真是假、可信與否。一個有批判性思考力的人，聽到任何消息或論

點（諸如來自推銷員、政治人物、新聞報導等等），會習慣性地問對方：你這主張背後的證據是什麼？這個證據夠有說服力嗎？從這個問題可能又會往下衍生出更具體的子問題，諸如：這個證據出自可靠的消息來源嗎？它背後有什麼目的與意圖？

回答這些問題可能需要追根究柢，才能發現消息來源是否有實話實說的良好紀錄，才能發現消息來源可能基於什麼特殊利益，才倡議這個說法與觀點。（若是後者，一定要問:誰會受益？）

回到之前「轉調到西雅圖」的劇本，我的決定有一部分是根據隨機意見（我的友人、在 Google 搜尋到的一篇旅遊貼文等等）。我應該要善用智慧，提問質疑這些證據。（這個證據代表這兩個人以外的觀點／經歷嗎？這兩個人在西雅圖待了多久的時間？這兩人到底了解西雅圖多少？）

有時候，信息出問題不是因為信息提供了什麼，而是信息少了什麼。

用以下五個問題揪出胡言或大話

• **證據夠有說服力嗎？**批判性思考力的第一步要求所有論述與說法必須有憑有據。可接著問的子問題包括：這個證據出自可靠的消息人士嗎？背後有什麼時間表或議程嗎？堅實的來源？它背後有一個議程嗎？

• **對方沒有告訴我什麼？**有時候，信息出問題不是因為信息提供了什麼，而是信息少了什麼。例如一篇新聞報導得不夠充分不夠深入，或是銷售話術漏了重要的細節等等。

• **這個邏輯上說得通嗎？**當別人試圖說服你時，可能會用有瑕疵的推理，暗示你應該因為 B 而相信 A。

• **對立的觀點是什麼？**為了避免「弱式批判性思考」，要主動追根究柢，找出與你立場相左的看法，以開放的心態加以斟酌評量。

• **相左的看法中，哪一個證據更充分？**選擇證據更充分的。

例如一篇新聞報導得不夠深入或不夠充分，抑或銷售話術漏了重要細節等等。因此，有批判性思考力的人應該要問：對方沒有告訴我什麼？當對方提供可用的解決方案時，可能略而不提副作用、隱藏成本、潛在的負面後果等等。

當別人試圖說服你時，可能會用有瑕疵的推理：暗示你應該因為 B 而相信 A，或是承諾你，若做了 A，B 一定會出現。圍繞批判性思考打轉的問題可以根除「邏輯謬誤」（logical fallacies），這些謬誤可能基於有瑕疵的預設立場，可能根本就是陷阱，目的就是讓你做出錯誤的結論。

卡爾·薩根設計的「謬論檢測工具箱」（baloney detection kit）[25] 非常實用，可揪出常見的邏輯謬誤。這套工具箱一開始收錄在 1996 年出版的著作《魔鬼盤據的世界：薩根談 UFO、占星與靈異》（*The Demon-Haunted World: Science as a Candle in the Dark*），該書重獲世人青睞，部分歸功於瑪麗亞·波波娃（Maria Popova）走紅的部落格「搜奇網」（Brain Pickings）推波助瀾。在這個工具箱裡，薩根提供了善於批判性思考人士小心翼翼避開的 20 個陷阱，包括訴諸權威（我是總統，所以你們應該相信我），錯誤的二分法（你是敵是友），以及「滑坡謬誤」（slippery slope）（如果我們採取這個看似合理的做法 A，一定會發生更嚴重的 B）。

培養批判性思考力的關鍵之一是公允、不偏不倚，這需要顧及不同的觀點，所以具有批判性思考力的人慣問：這問題的另一

面是什麼？碰到某個議題或說法時，養成考慮相反觀點的習慣。

考慮「另一面」時，謹記問問題非常有用：這問題真的有另一個面向嗎？（若問題變成「我們是否真的登陸過月球？」列維廷指出，這問題只有一個標準答案：是的，並沒有另一面。）若存在另一面，要將兩個面向都納入考慮，並問自己，相左的看法中，哪一個證據更充分？最後，還是得靠判斷力定奪，例如：「我有三個充分理由相信 A，有一個理由相信 B；我決定選擇理由更站得住腳的 A。」

我的批判性思考力背後隱藏著目的與意圖嗎？

關於批判性思考有個有趣的現象：若你在右翼與左翼的政論部落格來回遊走，會發現一個奇怪狀況：政治上涇渭分明的陣營，不管是左是右，都有人常態性地提到批判性思考力，這些部落客往往抱怨今天的社會普遍缺乏批判性思考。但兩邊陣營似乎都認為對方深受這個問題之苦，稱「另一邊的陣營」成了政治宣傳的犧牲品，不會提問也不懷疑，無法做出周全的政治判斷。

這現象並非前所未見。已故大學教授理查‧保羅博士（Richard Paul）在 1970 年代協助成立「批判性思考基金會」（Foundation for Critical Thinking），他鑽研一個社會常見的共同行為，稱之為「弱式批判性思考」（weak-sense critical thinking）。[26] 有些人可

能善於應用批判性思考的基本工具與實作，包括提問題、深究、評估等等，但這麼做十之八九是為了確認既有的觀點。你可以說這種人的批判性思考帶有目的與意圖。

博林格林州立大學（Bowling Green College）教授尼爾·布朗也研究弱式批判性思考，指出很多人往往並未意識到他們的邏輯推理以及判斷可能已有所偏差。他說：「一個人十之八九會認為『和我唱反調的人有偏見，但我則是不偏不倚沒有偏頗』。這是批判性思考的最大障礙。」

所以若把具批判性思考力的人定義為只是「會問關鍵問題的人」，我們就錯失了一塊非常重要的拼圖。根據上述狹隘的定義，所有有黨派之別的政客都具備批判性思考力，而否認氣候變遷的人士、支持地平說的信徒等等，也都算得上有批判性思考力。

顯而易見，「戴著懷疑的眼鏡提問」並非具備批判性思考力的充分條件，若懷疑的眼鏡只單向朝著對方，那更是不可取。有批判性思考力的人必須有足夠彈性，考慮以及質疑問題的所有面向，尤其要用放大鏡檢視自己傾向支持的說法與立場。

如果這不是「是或否」二選一的決定怎麼辦？

被歸類為批判性思考的問題有助於評估證據的真偽，以及互相矛盾的選項孰輕孰重，對於二選一的決定特別有用。（我應該

接受這個提議嗎？我該相信最近網路上不斷被炒作的新聞報導嗎？我該相信那位候選人嗎？）但許多我們面對的重要決定，並非單單能以「是或否」或 AB 選項定論（至少不該如此）。

二選一的決定回答了封閉式問題。我們習慣用二選一的架構（是／否，非此即彼）做決定，這限制了我們必須考慮的選項，讓決定變得容易些。康納曼的研究發現，「面對困難的問題時，人往往會下意識把問題簡化成比較容易回答的，自己卻未意識到這一點。」[27] 困難的問題可能是：我在工作中和老闆不睦，我應該怎麼解決這問題？比較容易的問題則是：我和老闆不睦，我應該辭掉工作嗎——辭或是不辭？要回答第一個問題，答案不限一個，也需要一些創意思維；回答第二個問題，僅需瞬間。

但簡單的「是／否」架構，排除了各種可能性。做決定時（至少在思考的初期階段），擁有**更多**的選項畢竟利多於弊。之前提及的研究員米爾克曼、索爾與佩恩認為，最終做出的決定反倒不如考慮中的最佳選項。[28] 他們指出，人習慣「把決定框在是／否的問句架構，而非想出更多的替代方案。」《零偏見決斷法》（Decisive）作者奇普·希斯與丹·希斯（Chip and Dan Heath）兄弟檔也有同感，認為「阻撓決策的首要惡棍是狹隘框架（narrow framing）[29]，把選項限縮在過於狹窄的二元框架裡。」

那麼你該如何突破框架，擁抱更多選項？很簡單：要求自己這麼做即可。

如果你重新建構「是／否」的框架，放棄封閉式問題，改以

開放式問題，可以徹底改變你正在做的決定。把封閉式問題「我應該辭職嗎，是或否？」變成開放式的「how」或「what」問題，例如：我該如何改變目前的工作狀況？在辭職或不作為之間有什麼其他的可能做法？

重點是不要逃避難做的決定，儘管最後可能還是決定辭職，但是考慮的過程中，務必要求自己擁抱辭職之外其他的可能性。當然大家都不希望被太多的選項淹沒，不過米爾克曼、索爾和佩恩建議，任何一個決定至少要有三個選項。[30] 若你有意擴大事業，可能有三個選項必須考慮：一，我們可以增開分店；二，我們可以擴大事業，但在現有的分店裡進行；三，我們決定不擴大。這些選項根據的是預設的劇本，從大好到大壞都有。在你預設各種選項

用以下五個問題跳脫限制，擁抱其他的可能性

● **我該如何把待決定的問題變成「開放式」問題？** 我們習慣在二元框架下做決定（是／否，非此即彼），這會限制選項。做決定時試著用開放式問題做架構。（什麼是最好的方式……？我該如何……？）

● **哪個結果最讚、哪個普普、哪個最不堪？** 做決定時，至少有三個可考慮或參考的選項。要做到這點，得預設三個可能的結果或劇情，一個正評，一個普普，一個負評。

● **若現有的選項沒有一個可行，我該怎麼辦？** 想像既有的選項突然咻地消失，逼著你必須想出其他的可能性。回到現實後，你可以把浮出的新選項與既有選項做一個比較，衡量孰優孰劣。

● **違抗常規的選項是什麼？** 選項中，務必有一個完全和其他兩個選項背道而馳。你可能不會選它，但它會刺激你進行非傳統思考。

● **一個局外人能做什麼？** 你可以借局外人的力，協助你做決定，或是試著易地而處，想想用局外人會用什麼方式看待眼前的情況。

時，想想該決定可能導致的三個可能結果，不妨自問：哪個結果最讚、哪個普普、哪個最不堪？

試著想出三個選項時，企管顧問保羅・史隆（Paul Sloane）建議，第三個選項應該獨樹一幟，和其他兩個背道而馳。[31] 所以你在思考可能的選項時，要問：違抗常規的選項是什麼？史隆舉了一個例子：你考慮開除佛雷德（Fred），因為他表現不佳，能力不符預期。選項一是開除他；選項二是送他參加培訓課程，讓他快點進入狀況；選項三是拔擢他！第三個選項乍看似乎不按常理出牌，但史隆解釋道：「它被故意包含在選項內，目的是刺激和激發你的想像力，想出一些違背常規的做法。」

若你想不出更多的選項，以下是希斯兄弟建議的技巧。每次在現有的選項之間猶豫不決時，不妨採用「選項消失」這招[32]，問自己：若現有的選項沒有一個可行，我該怎麼辦？這個問題會逼你暫時刪除現有的選項，思考其他可能的方案。

一個局外人能做什麼？

在協助我們做決定時，提問最重要的功能之一是提醒我們退一步，嘗試從不同的角度剖析這個決定。米爾克曼、希斯兄弟，以及其他幾個鑽研決定行為的專家（悉數受到康納曼影響）都點出了「觀點受限」這個通病，而這毛病反映了旁觀者清，當局者

迷的情形。

　　簡單又有效解決這問題的辦法是問自己：若我的朋友必須做這個決定，我能給什麼建議？我能給什麼「建議」這問題受到許多研究決定行為的專家肯定，包括杜克大學心理系教授丹・艾瑞利（Dan Ariely）。根據他的解釋，說來奇怪，我們給他人出的主意往往比給自己的建議來得合理明智。[33]

　　為什麼我們會這樣？希斯兄弟引述他人的研究，指出：「我們給他人出主意時，往往根據的是最重要的某個因素，但是給自己意見時，會陷入太多大大小小的考量，擔心這個顧慮那個。」或者套句希斯兄弟的話：「我們給朋友意見時，看到的是一整片森林；考慮到自己時，會困在樹叢中，走不出來。」[34]

　　說到拉開距離，另外一個奇特但顯然有效的做法是：透過第三者問自己問題。[35]例如我可以問自己：在這個情況下，沃倫應該怎麼做？（而非我應該怎麼做？）心理學家伊桑・克羅斯（Ethan Kross）發現，這個問題可以讓自己更冷靜、更理性地思考，讓自己從局外人的角度看自己並評估所處的情況。克羅斯指出，像詹皇（LeBron James）這樣的 NBA 職籃巨星，有時也會用第三人稱和自己說話或是檢討自己，儘管他曾為這事遭人訕笑與嘲弄。（詹皇可能這麼說：「週四比賽要到了，詹皇得做好準備。」）和自己對話時，看似裝瘋賣傻，其實是有目的的。

　　為了拉開距離，試著用**他人**的角度問問題，例如：若華倫・

巴菲特（Warren Buffett）面臨這個決定，他會怎麼做？（或是就這事而言，詹皇會怎麼做？）你採用了某個「局外人」的觀點，這個局外人和你要做的決定可能沒有任何關係，也可能觀點和你的稍有出入而已。

企業界一個知名的例子涉及到英特爾（Intel）的共同創辦人安德魯・葛洛夫（Andrew Grove）與高登・摩爾（Gordon Moore），在英特爾成立的初期，兩人必須做出關鍵決定，到底該不該放棄現有的核心產品以便另闢蹊徑。葛洛夫用問題解決問題，問道：若我們被解職，董事會另聘一位執行長，你想他會怎麼做？[36]這問題創造了他們兩人需要的距離，以更持平的角度看待當時的情況。他們認為，新的執行長應該不會感情用事，繼續投資舊產品，應該會著眼於未來，做出合理的決定。因此葛洛夫和摩爾決定放棄舊戰術，結果證明這是明智的決定，至少英特爾之後的亮眼成績可資佐證。

試圖用「局外人的觀點」做決定時，可以模仿葛洛夫與摩爾，揣摩局外人可能會做什麼樣的決定。亦可參考其他人的經驗（他們和你一樣得做類似的決定），你可以向他們請益，或是透過個案研究（這些個案面臨的情況和你類似）。另外一個選項是求助於顧問，他們輔導過的對象可能做過和你類似的決定。顧問本人也可提供局外人的觀點。

在此事先提出警告：採局外人的觀點有時候會徹底改變決定的框架。「精實企業研究院」（Lean Enterprise Institute）顧問戴

維·拉霍特（Dave LaHote）分享了一個故事，稱自己曾接受一家公司委託，該公司不知道該如何改革並簡化核准銷售單的流程，之前的流程要經過多個關卡，平均需時兩週才能完成批核。

公司高層發現這實在太慢了，一心要簡化核准的流程，希望能將兩週縮短到兩天。但拉霍特身為局外人，看待事情的方式截然不同：他分析了情況之後，問對方為何需要核准流程？對方高層始料未及會被問到這個，遂開始思考核准流程背後的道理，發現不盡合理。拉霍特說，他們需要「退後一步，和我一樣客觀地審視這個流程」。[37]

***

問了這麼多問題，以便掌握充分資訊，進而做出正確決定，但你早晚要停止提問並果決地做出決定。但要怎麼知道是時候下決定了？創投專家施羅德說：「做決定時，永遠擺盪在蒐集足夠的資訊以及蒐集過多的資訊之間。」至於多少才叫夠，電商巨擘亞馬遜（Amazon）的執行長傑夫·貝佐斯（Jeff Bezos）給了一個有趣的公式：「多數決定應該在掌握了約七成的資訊後定奪，若要等到掌握了九成才拍板，可能過慢了。」[38]

但要達到七成的門檻，並非一蹴可幾、「眨眼」可得。決定不該倉促為之，最重要的理由是因為人往往在壓力之下做出糟糕的決定。面臨重要決定時，一定要問：非得現在做決定嗎？現在

做決定合適嗎？事實證明，我們應該避免在以下情況做決定：疲憊、面臨壓力或是急著「搞定此事！」時，因為這時我們容易感情用事，在衝動下做出決定。[39]

決定要做選擇後，要給自己兩次機會，第一次做完後，次日或兩天後再做一次。人不太願意質疑自己的能力與決定，不過若一個決定夠周全、夠面面俱到，應該經得起考驗。測試決定是否周延的方法之一是問自己這兩個問題：有沒有可能找到這個決定的漏洞？[40] 日後為這個決定辯護時，我會怎麼做？

花時間問問題再做決定，不代表你應該猶豫不決，或一再推遲最後做決定的時間。若推遲決定的時間過長，終究免不了在最後一刻壓力下，被逼著做決定。作家以及企管顧問陶德‧亨利（Todd Henry）說，他遇到一個大家普遍都有的問題，人因為不確定而延遲做決定，結果導致生活或事業停滯不前。他建議我們要養成習慣規律地問自己：在猶豫不決的迷霧籠罩下，我現在的人生究竟走到了哪裡？[41]

有些決定我們可能會逃避，遲遲下不了決心，因為有太多的不確定因素，或是（以及）風險與代價太高。碰到這樣的情況，我們得問一些「勇敢」的問題，讓我們足以看清問題並增強自信，進而勇於與虛無飄渺一戰。

如果我知道我不容失敗，我會嘗試做什麼？

身為決策者，我們似乎不敢過於自信，也不願「跟著直覺走」，深怕自己做了錯誤的選擇，事業會崩盤，職業生涯會停滯，套句科馬里德・海（Khemaridh Hy）的話：「最後會落得一無所有，流落街頭。」[42]

海是極為成功的投資銀行專家，憑著這麼一個特殊身分與背景，努力鑽研恐懼如何影響他為工作與生活所做的決定。他是移民之子，父母灌輸他天道酬勤的工作精神，因此在他 30 歲出頭之際，他已坐上貝萊德（BlackRock）避險基金董事總經理（managing director，簡稱 MD）大位，是公司最年輕的 MD 之一。但他老是覺得不安與不滿足。他諮詢了一位人生教練，後者最後問了他這麼一個問題：你在害怕什麼？

當他開始思考這個問題，他發現恐懼是主要動力，鞭策他必須賺更多的錢，必須在財金界永保成功不墜，但不管他賺了多少錢，他還是擔心最後會落得身無分文。他也害怕自己沒有留下任何豐功偉業就過世，更擔心會辜負別人對他的期望。

海毅然辭去工作，他說，「為了思考這類問題，你必須空出時間與空間。」他開始寫部落格，描述他的恐懼與焦慮，以及如何試著理解和克服它們。他的部落格迅速走紅，一開始受到金融界追捧，他說：「成功的金融界年輕小夥子會寫信跟我說：『你

碰觸到我從未思考過的東西。』」然後是科技界接棒。他的部落格、podcast、社群媒體 Snapchat 累積了居高不下的人氣，被美國有線電視新聞網封為「千禧世代的歐普拉」（an Oprah for millennials）。[43]

海的寫作涵蓋各種充實人生、尋找人生意義的心得與妙計，但他還是特別專注於恐懼。他說：「那種憂慮無所不在。」會影響甚至決定我們所做的諸多選擇，把我們帶到我們不想去的方向，讓我們無法盡情享受平日美好的生活。

海上述所言被決策的相關研究佐證。研究顯示，對於負面結果心存過大的恐懼〔又名負面偏誤（negativity bias）〕會讓我們做出不合理或對我們不是最好的選擇。[44] 負面偏誤可能根植於過去經歷的某事，這事對我們當前的思維與行為影響力之大，已到不成比例的程度。心理學家指出，九一一恐攻之後，即便過了這麼久，還是有民眾寧願選擇開車也不願搭飛機[45]（為了安全之故，選擇開車的人變多，反而增加車禍的次數）。

不過有些恐懼根植於更遙遠的過去，與現代生活毫無瓜葛。《戰勝你的直覺》（*Outsmart Your Instincts*）共同作者亞當‧韓森（Adam Hansen）解釋，那些「叢林直覺」（jungle instincts，覺得自己必須有所反應並迅速做出決定）古今皆然，會逼著我們趨吉避凶。[46]

不管是在叢林還是在其他生死攸關之境，避凶是有道理的。但是在事業、職涯，乃至追求充實的生活，避凶（一種負面偏誤）反而會嚴重限制可能性。充滿創意的企業顧問韓森說，在企業

界，負面偏誤會造成癱瘓之害。他說：「這會讓公司受困在原地不動，因為他們不敢嘗試任何大膽創舉，導致創新停滯不前。」

如何靠提問克服恐懼這種原始而強大的情緒？

首先，藉由問問題可協助我們找出可能影響決策以及行為的恐懼感。海說：「弄清楚自己真正害怕的是什麼，並非易事。但是一旦找到並能夠清楚表達（例如我害怕最後會落得一無所有、不得好死、或是兩者皆有），這樣你就可以開始控制恐懼。」

電視節目《極速前進》（*The Amazing Race*）主持人菲爾‧基歐漢（Phil Keoghan）熱愛冒險、勇於克服恐懼，他也認為，藉由問問題探索內心的恐懼不失為克服恐懼的第一步。[47] 基歐漢輔導他人克服各種恐懼（從懼高乃至恐鯊等不一而足）。他說，他最常用的開場白是問學員：你們對恐懼的最早記憶是什麼？你如何因應？它讓你不敢做什麼？若你能夠克服這個恐懼，事情可能會有什麼改變？剖析恐懼時，我們挖掘恐懼非理性的一面，以及分辨哪些是真實風險，哪些是想像的風險。

請注意，基歐漢的最後兩個問題將重點放在克服恐懼的好處。人生教練科特‧羅森格倫（Curt Rosengren）指出，克服恐懼時，強調「為什麼？」是關鍵。[48] 例如：為什麼我想做這件事或做這個選擇，即使我害怕得要命？羅森格倫建議，「避免專

注於你打算做什麼（這會誘發恐懼），改而專注於希望得到什麼結果以及該結果帶來的正面能量。」可能是對你個人有利的東西，可能是對他人產生的積極影響。不管哪一個，只要「為什麼我做這件事？」的答案與目的是為了有所改變，就會「激勵你向前」，讓你更容易擺脫恐懼。

做決定時，若結果可能讓你感到不安，不妨想想若決定涉險，可能出現什麼樣的積極情緒？韓森建議客戶，問自己這個問題：在可怕的可能後果裡，有什麼會令我興奮激動？

> ### 有助於克服恐懼與失敗的「勇敢」問題
>
> ● **若我知道自己不容失敗，我會嘗試做什麼？**從這個矽谷最偏愛的問題開始，設法找出大膽可行的機會。
>
> ● **可能發生的最壞情況是什麼？**這問題看似負向思考，但是會讓你正視蒙上一層紗的各種恐懼，更清楚地看清它們的面貌（這反而有助於降低你的恐懼感）。
>
> ● **如果我真的失敗，可能的原因是什麼？**運用「事前驗屍」思考法來預想失敗，並剖析造成失敗的可能原因有哪些。這有助於你避開陷阱。
>
> ● **我該如何從失敗中重新站起來？**思考若真的失敗，該如何重整旗鼓，這有助於降低對失敗的恐懼。
>
> ● **若我成功，會是什麼模樣？**現在轉移陣地，從預設最壞的狀況到預設最好的結果。想像成功的模樣有助於建立信心，蓄積勇往直前的動力。
>
> ● **我如何邁出一小步，踏入險境？**考慮有沒有「兒步」（baby steps），幫助你日後勇於大步向前衝。

不過也要看看如果決定冒險一試，可能出現的負面情緒——可以想想若決定甘冒風險放手一搏，可能會出現什麼樣的差池？不要刻意迴避思考這些問題，最好直搗黃龍地問：可能發生的最壞情況是什麼？[49]

雖然這是大家熟悉也相當基本的問題，但無損其重要性與價值。這問題不僅風險管理專家最愛，也深受人生教練與心理學家重視。儘管這問題看似是負向思考，因為會刺激你預想最壞的情況，不過只要後續搭配正向積極的問題：我如何走出困境重新站起來？最後還是有助於減輕恐懼，讓你有信心承擔風險。

　　作家暨實業家強納森‧菲爾德（Jonathan Fields）指出，當我們想到失敗時，往往「畫面模糊、誇大事實——因為害怕想得太清楚」。[50] 不過開始接受高風險的挑戰前，若能想清楚一旦失敗到底會發生什麼後果，以及自己要怎麼做才能從失敗中重整旗鼓，可以幫助你認清「任何失敗鮮少是絕對的，一切事情都有轉圜的餘地，一旦你了解這點，就更有自信勇往直前」。

　　科學家兼決策大師蓋瑞‧克萊恩（Gary Klein）力推「事前驗屍」的思考方法（premortem）[51]，事先假設某個計畫不幸慘敗收場，再找出所有可能的失敗原因。把事前驗屍思考法轉化成問句，可以這麼問自己：萬一我失敗，哪些是可能的失敗原因？決策專家認為，使用事前驗屍思考法，可避免你對事情有過度樂觀的期待，也更能務實地評估風險。再說一次，事前假設計畫失敗並追究可能的原因，有助於降低對失敗以及不確定因素的恐懼。若你開始善用事前驗屍思考法，應該會發現，失敗不見得是天塌下來的災難，就算真的失敗，也有辦法因應與善後。

　　預想失敗的後果固然重要，但也務必考慮成功的可能性：若我成功，會是什麼模樣？[52] 強納森‧菲爾德指出，這個問題之

所以重要在於有助於對抗負向思考造成的偏誤。他建議大家，詳盡而具體地設想可能發生的最好情況，也許最後結果不符當初預想，但這個畫面有助於提供足夠強大的誘因，鼓勵你勇於接受挑戰與風險。

這些仍不足以讓你輕鬆地對高風險計畫下定決心或落實行動方案。不管是研究，還是正在克服恐懼，雙方一致認為，提問、預想、提前計劃等等，最多能做的也就如此，有些時候仍無法取代行動（例如怕水的人，最終無可避免仍得入水）。不過就算在這樣的行動階段，還是可問自己一個有用的問題：我如何邁出一小步，踏入險境？菲爾·基歐漢在指導他人克服恐懼時，會擬好計畫，讓他們從小步開始，有限地接觸恐懼源頭。例如協助有懼高症的人，他會從低矮結構體的頂部開始，然後漸進到更高的結構體。

類似的方式也可以應用在幾乎任何一個高風險事業。在企業界，若擔心推出新產品可能會出師不利，不妨先限量推出低價的「試用版」，然後才正式推出完整的成品。今天任何想要保持創新的企業必須擅於問自己這兩個問題：我們如何才能想出更多的點子？以及另一個同樣重要的問題：我們如何快速又不會花大錢地測試點子是否可行？若能知道第二個問題的答案，那麼在落實第一個問題時就比較可行，風險也更小。

***

問問題之所以這麼給力，因為你可以暫時用問題跳脫現實（shift reality）。例如「若我知道自己不容失敗，我會嘗試做什麼？」[53] 這問題很棒，告訴你什麼叫跳脫現實。過去幾年，我經常拿這問題和觀眾分享。我並非這問題的唯一粉絲，矽谷科技業也很追捧，這多虧 2012 年雷吉娜・杜根（Regina Dugan）在 TED 演說時引用了類似版本。杜根是科技高手，曾在 Google 與國防部的「國防先進研究計畫署」（DARPA）任職。其實這個問題可以追溯到更早之前：40 多年前，美國牧師羅伯特・舒勒（Robert H. Schuller）在鼓舞人心的布道以及著作裡，也都用到它。

跳脫現實的問題有助我們用不同的眼光看待這個世界。德勤優勢創新中心（Deloitte Center for the Edge）的科技專家與未來學家約翰・席利・布朗（John Seely Brown）說：「為了讓想像力馳騁，必須有機會看到事情不同於現況的另一面。[54] 這可由一個簡單的問題開始：如果……會怎樣？這問題把奇怪、甚至一看就不是真的東西帶入當前的現況或觀點裡。」

如果我不容失敗會怎樣？這問題讓我們腦裡浮現出一個畫面，畫面裡怕失敗的束縛被卸除了。用問題消除真實世界的限制與束縛，這是普遍而有效的做法，可鼓勵大家更大膽地思考，更無拘無束地發揮想像力。例如，產品開發商有時會利用假設性問題：如果成本不是問題會怎樣？藉此暫時跳脫現實的諸多束縛與限制。一旦成本的束縛被擺到一邊，可以在更大的版圖裡探索更多的點子。

當然啦，在真實世界裡，束縛的確存在，包括預算有限、失敗的可能性八九不離十等等。思考「如果我不容失敗會怎樣？」這問題時冒出的想法，之後可能得微調甚至被丟到垃圾桶，但一如之前「考慮相反面」所說的，重點在於開發更多的可能性，只不過這次要求你考慮的是更大膽、風險更高的選項。

《紐約時報》專欄作家羅恩・利伯（Ron Lieber）把「如果我不容失敗會怎樣？」這問題稍微改編了一下。[55] 他分享了丹尼爾・安德森（Daniel L. Anderson）的故事，指出安德森厭倦了在雷諾的房地產工作，有了跳槽的機會，一個工作「穩定」，地點在休士頓；一個工作比較有風險，地點在舊金山。他不知道該選哪一個，於是找了人生導師指點，後者問他：「如果你沒什麼好怕的，你會怎麼做？」

安德森說，那個問題「讓我重新審視自己的條件與處境，確定自己沒有專挑簡單與輕鬆的做。」[56] 他也想到母親的話，她曾提及退休朋友的一些遺憾。他說：「我不希望變成那樣的人。」最後他選擇舊金山風險較高的工作，現在意氣風發。至於那個在休士頓的穩定工作，雇主是「安隆公司」（Enron，已破產倒閉）。

「未來的我」會做什麼決定？

我們人天生不喜改變、遠離風險，有時這會讓我們錯過說不

定有助於改善我們生活的選擇。如果我們能放手做出更大膽的選擇會怎樣呢？是否會更開心？經濟學家史提芬・李維特（Steven Levitt）希望找到答案，為此他做了一個研究[57]，對象是一群正面臨困難抉擇而舉棋不定的人。每一個研究對象都同意用擲硬幣來決定選擇，若硬幣是正面，他們同意接受新的工作機會、求婚，或是任何一個他們正在猶豫不決的事情。

六個月之後，李維特訪問了這些對象，發現「說好」的同意組過得遠較於「說不」的對照組開心。這說明了什麼？專欄作家亞瑟・布魯克斯（Arthur C. Brooks）在《紐約時報》報導了李維特上述研究，在結語時提到：若是讓我們自行決定（不靠丟硬幣指點迷津）的話，「當機會來敲門時，我們太常說不了。」

布魯克斯繼續說道，近來規避風險的作風「無處不在，年輕人更是如此」。舉一個典型的例子：布魯克斯根據研究數據，表示今天社會 30 歲以下族群相較於過去同齡層，較少會為了事業離鄉背井、東奔西走。[58] 換言之，被問到：你會抓住這個機會還是寧願原地不動？我們往往選擇安於現狀。

但是如果我們改一下問題的框架，換個角度看待這個問題——例如以未來的視角回頭看它？理性應用中心的茉莉亞・嘉麗夫分享了一個故事，證明用這個方法在剖析難以抉擇的決定時，有助我們掙脫安於現狀的偏見。嘉麗夫有個朋友接到一個新的工作機會，年薪比現有工作大幅增加了 7 萬美元，但他一開始有諸多猶豫，因為他得離鄉背井，搬到離家很遠的地方。[59] 然後

嘉麗夫的朋友換個角度思考這個問題，他問自己：如果我已在那個地點有了工作，現在有個機會換到離家較近的地點，但是年薪少 7 萬美元，我會接受嗎？

思考框架一變，他很清楚自己不會——換言之，他應該接受在遠地的工作（而他也真的這麼做了）。為什麼簡單地改變一下框架，新的工作機會立馬得到加分？嘉麗夫說，她的朋友一開始之所以打退堂鼓，是因為和大家犯了一樣的毛病：一動不如一靜、改變不如不變的心態。但是一旦他換位思考，將時間移到未來，想像他已**做了**決定與行動，他發現新工作也許值得一試。

有些問題若能讓我們想像未來的情景，可協助我們因應今天難下的決定，這類問題可視為「水晶球」。水晶球問題有其重要性，因為我們太專注於此時與此地。這種傾向短期思維的習性，會讓我們太偏重於眼前的好惡，而忽略長期的目標與後果。

有個方法可力抗這習性，不妨把時間挪到未來，想像我們對某件事可能有什麼感受。在史丹佛大學（Stanford University）擔任講師暨高階主管教練的艾德·巴提斯塔（Ed Batista）說：「決策的好壞與預期未來情緒狀態的能力息息相關。[60] 我們必須能逼真地想像自己在未來某個情境下的模樣。」

舉例而言，當機會上門，你猶豫要不要接受時，不妨考慮一下作家羅伯·沃克（Rob Walker）和大家分享的這個問題：如果將來回顧這一刻，我希望自己當時做出改變嗎（既然時機已經成熟）？[61] 想像一下「未來的你」對這個改變的可能感受，有助

於你做出更好的長期性決定。

哪個選項可讓我再進化並繼續發光？

請牢記，「未來的你」可能與「現在的你」截然不同。這也是何以替長遠的未來做決定這麼困難。心理學家丹·吉伯特（Dan Gilbert）說：「人類是未完成的作品，但他們誤以為自己已是完工的成品。」[62] 他的研究顯示，人類大幅低估未來十年他們的價值觀以及偏好可能改變的程度。

要做出一個可能有長遠影響的決定時，諸如加入新的組織、搬家、改變職涯軌道等等，首要考慮的問題是：哪個選項可以讓我再進化並繼續發光？

假設我們考慮的是要不要加入一家新公司，這問題可以鼓勵我們不要只看眼前的誘因（如加薪），而要能看得更遠，還要考慮成長的機會與未來的發展性。亞當·葛蘭特（Adam Grant）為《紐約時報》所寫的一篇文章提供了幾個更針對性的問題[63]，有助於回答上述摸不著邊的問題。

根據葛蘭特的說法，若你希望找到適才適性的公司，最重要的考慮因素之一是：微不足道的小人物能夠爬到高位嗎？從該公司的名人傳裡，應該不乏祕書或是電梯小姐靠著努力，一路坐到「長」字輩高位的例子。這告訴你，「未來的你」在這公司有出

人頭地的機會。葛蘭特還建議了另一個相關的問題：我在這公司是否可以掌握自己的命運並發揮影響力？平步青雲只是你評估能否實現「未來的你」的標準之一；在公司是否有真正的話語權也同樣重要。

同時，你也應該知道這公司是否提供機會讓你學習、試驗、發揮創意，因為這些都有助於你精益求精、更上一層樓。葛蘭特將這些東西簡化為這個問題：員工犯了錯，老闆如何反應？為了找到答案，你可以挖掘該公司及其高層過去對於員工犯了錯有何反應。葛蘭特引用了 IBM 一個響噹噹的個案，一位員工犯了錯，害公司損失 1,000 萬美元，這員工心想，IBM 的執行長湯姆・華森（Tom Watson）鐵定會要他走路，沒想到華森的反應是：「開除你？我才花了 1,000 萬美元幫你上了一課。」

若想預測自己在那家公司有無發展以及成長的機會，首先要問：該公司其他人如何增加更多的新技能，以及如何被授予更大的職責？也別忽略工作的社交關係——這點和工作幸福感息息相關，卻往往被低估 64，這話出自職場專家暨顧問公司 ignite80 的創辦人羅恩・傅利曼（Ron Friedman）。他建議大家試圖找出：公司如何鼓勵員工之間的「聯繫」（connectedness）？有些公司遠比其他公司更善於促進員工培養同舟共濟的同袍情誼。

有趣的是，社會有個趨勢，大家**現在**明明在意的是工作是否有趣，是否能和喜歡的人一起共事，但是芝加哥大學（University of Chicago）行為科學教授阿耶萊特・費斯巴赫（Ayelet

Fishbach）表示，研究顯示，我們似乎不認為這些在**未來**對我們有啥重要。因此她反過來問大家：「為什麼大家完全清楚眼前的福利與好處對現在這份工作甚為重要，卻不在意這些好處在未來到底有多重要？」[65] 費斯巴赫很想知道「為什麼一個學生明明無法忍受兩小時無聊至極的課程，卻預期自己受得了未來無聊但優渥的工作？」

費斯巴赫最後歸納出一個道理，認為人基本上無法以務實的角度思考未來。她建議：「務必選擇一個能讓自己樂在其中的職業與專案。」這能讓你「在每天例行公事中找到小確幸」，別小看這些小樂趣，點滴匯聚起來，會成為左右工作滿意度的絕大因素。

我後來怎麼向其他人解釋這個決定？

哈佛商學院（Harvard Business School）企業倫理教授約瑟夫・巴達拉克（Joseph Badaracco）建議，在做出長遠決策時，把每個重要決定視為長篇故事裡的一個篇章[66]，然後問自己：這個篇章如何和整篇故事契合得天衣無縫？

巴達拉克說，要在更大格局下做出合理決定，必須結合長期目標與目的。他接著說，做這類決定時，也要認清義務、關係和價值觀。他建議不妨問自己這個問題：我（對組織、客戶、社區、

家庭）的核心義務是什麼？藉此評估這決定是否也滿足這些對象的利益。

最後他提供了這個「水晶球」問題，協助你看清自己能否不後悔這個決定：「想像你向一位閨密或人生導師（任何一位深得你信任與敬重的人）解釋自己這個決定，你會覺得自在嗎？對方會有何反應？」

你當然不希望所做的

接受這份工作前該問的問題

● 微不足道的小人物能爬到高位嗎？可以找出這類人的各種故事以資佐證。

● 該公司如何因應員工所犯的錯誤？這攸關你是否可放膽一試，是否有機會成長進步。（另一個問話方式：**我會因為探索而受罰嗎？**）

● 我在這公司可發揮影響力嗎？確認各層級的員工是否有話語權。

● 其他人如何增加新的技能？這是另一個決定你是否能夠更上一層樓的關鍵。

● 這公司鼓勵員工培養同舟共濟的同袍情誼嗎？工作上的人際層面很重要，重要性之大超出多數人預期。

● 我能找到每天例行工作的「小確幸」並樂在其中嗎？工作要開心，端賴每天那些微不足道的小事。

決定會讓「未來的你」（以及未來可能仰賴你的「其他人」）後悔，人往往最大的後悔是之前的決定過於謹慎、太講求安全感。再回顧一下李維特的研究，受訪者用擲硬幣決定要不要大膽冒險（最後發現，他們開心自己擲下去），我則建議大家換個方式取代擲硬幣。不妨用加重負擔的問題逼自己朝某個方向更多些：若我平常面對大膽決定都說好，為什麼不對這個也說好呢？照這個架構，這問題讓你在說「不」時多了些負擔。

若你做決定時過於偏向「說好」，必須記住其他幾個問題：若我對這個說好，我該對什麼說不？[67]這是高階主管教練麥可・

邦吉‧史戴尼爾（Michael Bungay Stanier）提出的問題，目的是提醒你任何決定都有「機會成本」（opportunity cost）。若你選擇做 X，可能會錯過 Y，但這不該阻止你對 X 說好，除非 Y 的確更好**也**更可能發生。多數時候，這問題主要是提醒我們，對於的確不值得的人與事，說好之前要謹慎三思，因為這可能害我們錯失更好的機會（當你遇到還說得過去的機會，忍不住要把日誌所有空檔都填滿時，不妨問問自己這個問題）。

若你選擇「最好還是點頭說好」的路線，不代表你該隨便答應對方的要求，或是因為義務就答應。尤其碰到有人邀約時，到底該怎麼回應可能會頗為難。我們往往直接說好（礙於禮貌），等時間到了真要付諸行動時，十之八九開始後悔。

有個辦法讓你現在就檢查自己是否會後悔答應某個邀約，這牽涉到另外一個「水晶球」問題，出自心理學家丹‧艾瑞利。他稱這是「取消—開心」問題（cancel-elation question）。[68] 有人邀請你做某事，你可以問自己：若我答應了邀約，後來邀約因故被取消，我有什麼感覺？艾瑞利說：「若你發現自己很開心，表示你不想做，表示你是出於義務或是不好意思說不而答應邀約。」

做決定時要顧及未來，這裡給大家最後一個提醒：難忘的經歷對「未來的你」價值連城，也許更甚於現金紅利以及其他無法持久的短暫好處。《紐約時報》專欄作家卡爾‧理查茲（Carl Richards）問道：「如果把人生經歷放在第一位讓我們更開心、更有成就感、更有創意、更被人念念不忘，會怎樣？」[69] 他接著

給了答案，援引研究文獻，稱多采多姿而難忘的人生經歷的確可改善我們的生活，前面提及的所有層面（更開心、更有成就感、更有創意、更被人念念不忘等等）都包括在內。

你現在承受與經歷的各種人生將化為故事，被「未來的你」懷念。這給了我們另一個「水晶球」問題。作家兼企業顧問約翰·海格（John Hagel）指出，每次你站在兩條分岔路口決定要走哪條路時，問自己：再過五年回頭看，哪一個選項會成就更精采的故事？[70] 海格解釋道：「沒有人會後悔走上可寫出更精采故事的那條路。」

我的那顆網球是什麼？

若能透過某類問題打開新的視角，協助自己做決定或解決問題，那麼我們怎麼把這工具應用在人生最大的挑戰之一——確認並釐清自己人生的目的？最近社會疾呼我們應該「順著自己的熱情走」，不過如果你不確定自己的熱情是什麼，該怎麼辦？這問題不僅會影響初入職涯的社會新鮮人，也讓已在社會打滾多年的人頭痛，就連功成名就但覺得仍有缺憾的人，也覺得這是個大哉問。社會上，太多人因為別人指定或環境之故而走上現在的路（例如意外出現的工作機會或專案項目，因為條件太好不忍拒絕，繼而成了自己的事業）。不管你是開始起步的職場新鮮人，

抑或正在考慮轉換跑道，都可善用針對性問題進一步了解自己該做什麼才好。

用提問確認自己對生活有什麼熱情之前，不妨思考這個反向問題：我到底應不應該問「我對什麼有熱情？」有人認為這個問題其實弊多於利。作家卡爾‧紐波特（Cal Newport）說：「年輕人被『我要找出自己熱愛什麼』的念頭搞得動彈不得。」[71]他接著說：「熱情不是用來追的，當你努力成為世上有用的人，熱情自然會跟著你。」他建議大家：選擇一個看似有趣的工作（先別管對它有沒有熱情），然後深耕它，專心做好這份工作，最後這工作說不定會成為你的熱情。

作家伊莉莎白‧吉爾伯特（Elizabeth Gilbert）也說，她不再勸人「追隨你的熱情」[72]，因為這會對不知道自己真正志業、使命是什麼的人（若真有這東西的話）造成壓力。吉爾伯特現在改建議大家「追隨你的好奇心」，這可能會點燃你對一種甚至更多事物的熱情。

儘管如此，找到目標或確認想追尋的東西，還是有助於你找到方向、動力與專注力。科技新創公司 Dropbox 共同創辦人德魯‧休斯頓（Drew Houston）發現，爬到金字塔頂端的成功人士「沉迷於解決對他們真正重要的關鍵問題，這讓我想到狗追著網球的畫面」。[73]他建議大家，若要提高幸福與成功的機會，必須找到你的那顆網球——「能夠拉著你前進的球。」找到那顆「網球」後，面對人生一路上出現的決定和選擇，它能幫助你釐清困

惑，因為你現在可以問：在我追著自己的那顆網球時，這怎麼助我一臂之力？

沒有簡單的公式可以讓你找到自己的那顆網球是什麼，但你可以問三大類問題：關於你的強項或資產、關於你天生偏好的興趣、關於你能做的貢獻，這貢獻是為了自我以外的人與物。

「資產導向」的問題非常直白，可歸結為：什麼是我的特徵優勢（signature strengths）？心理學家馬汀‧塞利格曼（Martin Seligman）在賓州大學「正向心理學中心」（Positive Psychology Center）就是研究這個主題。他說，你可以仔細想想並寫下自己在最佳狀態時表現了哪些特質，然後深入地探索每一次優異表現的細節：我展示了什麼樣的個人強項？[74] 發揮了創意嗎？有出色的判斷力？還是善心？塞利格曼指出，釐清自己的強項後，下一步是如何應用這些優勢。

一個更好玩的思考方式是問自己：我的超能力是什麼？[75] 知名企業顧問山下凱斯（Keith Yamashita）說明這問題的用意是「——還原你能不費吹灰之力應付各種情況的特質與性向」。若你無法列出自己的實力與強項，可參考蓋洛普（Gallup）執行長湯姆‧雷斯（Tom Rath）暢銷書《尋找優勢2.0》（Strengths Finder 2.0），裡面列出的34個人格特質。[76] 確認你的優勢後，才能更有效地善用已有的條件。

一旦確認自己擅長什麼，接著問自己天生對什麼感興趣，兩者也許重疊，也許沒重疊。有時候，我們並非百分之百清楚是什

麼讓我們這麼投入，直到我們從中抽離，從旁觀者的角度分析自己的行動與行為。人生教練暨《少，但是更好》（Essentialism）的作者葛瑞格‧麥基昂（Greg McKeown）說，這有點像「分析自己生活的人類學家」。[77] 他建議大家問自己：我什麼時候覺得自己打從心底快樂？以及為什麼？什麼活動或主題會讓我一再回味、一做再做？我什麼時候看起來最像我自己？

這不但包括現在式，也包括過去與童年期的行為活動。心理學家艾瑞克‧麥瑟爾（Eric Maisel）建議大家問自己：我十歲時喜歡做什麼？[78] 寫下童年最喜歡的活動，「找出哪些至今仍讓你產生共鳴，然後著手更新這些舊愛，你會發現，之前喜歡的，今天已不在了，或是對你現在的生活已無意義，但說不定也可能找到這些舊愛的升級版。」

另外一個問題可確認自己天生對什麼感興趣：做什麼會讓我廢寢忘食？[79]《富比士》雜誌（Forbes）專欄作家馬克‧曼森（Mark Manson）也注意到這點，指出他這想法源於心理學家米哈里‧契克森米哈伊（Mihaly Csikszentmahalyi）提出的「心流」概念[80]（人進入這種狀態時，時間感、存在感彷彿暫時消失，一切和手邊工作無關的事情彷彿都不存在）。曼森小時候也有過這樣的經驗，打電玩的時候完全忘記要吃飯；長大後，他發現自己寫作時，也會廢寢忘食。對其他人而言，教書、解決問題、籌辦活動時，可能也會有這種感覺。曼森說：「不管是什麼，不要只注意到自己整晚不睡做了啥事，而應該深究活動背後的認知原理

（cognitive principles）……這些原理可輕鬆地應用在別處。」

***

除了分析自己的專才、天生感興趣的東西，也要專注於自我之外更大的世界，問自己：這世上需要什麼？我能貢獻什麼？記者大衛・布魯克斯（David Brooks）點出這兩種人之間的差異，一種過著「按部就班的人生」（well-planned life）[81]，強調個人的能動性（individual agency）；另一種過著「肩負使命的人生」（summoned life），習慣問自己：周遭環境召喚我做什麼？我最有用的社會角色是什麼？這主題見於心理學家暨暢銷書《恆毅力》（*Grit*）作者安吉拉・達克沃斯（Angela Duckworth）針對大學畢業生所寫的一篇文章。她建議讀者不僅要「追求有興趣的東西」，也要「追尋使命」，因此達克沃斯建議，不僅問自己想要過什麼樣的人生，還要問：我希望這世界可以透過什麼方式而變得不一樣？[82]我可以幫忙解決什麼問題？她接著說：「這可把焦點從小我轉移到大我——如何以一己之力服務人群？」

改善人類生活，這目標看似很偉大，但作家丹尼爾・品克指出，表現方式可以低調一些。他說：「你可以用大寫 P 代表人生的使命（purpose）。」[83]可能是餵飽挨餓人口或是解決氣候危機等等。「還有一種使命是小寫 p。」什麼是小寫 p 使命，不妨問自己「如果我今天請假沒去上班，事情會因此變糟嗎？」作為

衡量的標準。你可以用以下兩個問題分辨這兩種使命：「大寫 P」的問句是：我改變了什麼嗎？「小寫 p」的問句是：我貢獻了什麼嗎？品克指出，這兩種使命都深具價值與意義，後者也許比前者更容易實現。

不管你正在尋找新的商業機會，還是在確認什麼值得自己一輩子追尋，或是有心面對並回答具遠大志向的漂亮問題（用意是協助你找到那顆網球），不妨考慮這個問題：我如何應用自己的特徵優勢追尋我想要的東西，這些東西既滿足我的興趣，也能幫助他人？這問題涵蓋了三個與「熱情」有關的元素——強項、興趣、使命，這問題可以指引你找到讓你著迷又能發揮天賦長才的志業，進而改變世界。

不過即便你真的找到了回答這問題的機會，卡爾‧紐波特提醒大家：你還是會碰到難處與挫折。[84] 找到拚命追趕的那顆網球後不會一直都是坦途。紐波特發現，大家有個習慣，以為一旦找到符合天命或實踐熱情的目標後，自此會一帆風順。但是他看到自己幾個學生沒多久就放棄興趣以及可能的志業，因為他們發現不易精通成為佼佼者。「他們發現『我其實並不是生來就擅長這個，看來這一定不是我熱情之所在』。」

既然投身有意義的事這麼困難，不妨換個方式問自己，馬克‧曼森用了一個不正經、有傷風化的問句：你最喜歡哪一種味道的臭屁三明治？[85] 曼森解釋道：「有時候，一切都不如自己的意……所以問句變成：你願意忍受或犧牲什麼？」

若你已試著問自己上述所有問題，依舊找不到自己的那顆網球，你需要的可能不再是一個問題，而是堅定明確的陳述（總結你是什麼樣的人，以及你今生希望成就的志業）。如果還是覺得困難重重，寫不出來（其實不然），你只須問自己：將我自己濃縮成一句話，那句話是什麼？[86] 這是記者暨聯邦眾議員克萊兒・布思・魯斯（Clare Booth Luce）對美國總統甘迺迪（John F. Kennedy）的建議。魯斯告訴甘迺迪「偉人就是一句話」，意味肩負明確而強烈使命感的領導人，可以用一句話總結。例如：「林肯（Abraham Lincoln）維持聯邦統一並解放了黑奴。」丹尼爾・品克佩服魯斯提出這樣精闢的問題，他也指出，這問句適用於所有人，而非只有總統。

　　試著寫出自己的句子時（這句話可視為個人的使命宣言），不妨問自己：我想怎麼被人緬懷？什麼對我最重要？我希望促成

六個問題幫你找到熱情

- **我的那顆網球是什麼？** 找出「拉著你前進的東西」，這東西讓你全神貫注、心無旁騖，彷彿狗追著網球不放。（德魯・休斯頓）

- **做什麼會讓我廢寢忘食？** 如果你發現有樣東西比食物還重要，它的重要性不言而喻。（馬克・曼森）

- **我十歲時喜歡做什麼？** 回顧過去，你可能會知道現在該做什麼讓你繼續前進。（艾瑞克・麥瑟爾）

- **我超厲害的強項是什麼？** 盤點「哪些人格特質與性能夠讓你不費吹灰之力應付各種情況」。（山下凱斯）

- **我希望這世界可以透過什麼方式而變得不一樣？** 這問題「把焦點從小轉到了大我——我如何以己之力服務人群？」（安吉拉・達克沃斯）

- **將自己濃縮成一句話，那句話是什麼？** 這問題幫助你用一句話來總結你這個人以及你最終想要達到的目標。（丹尼爾・品克）

什麼樣的改變？

　　對許多人而言，找到使命（拉著自己前進的那顆網球）其實和創意息息相關，這也是下一章節的重點。若你決定過著更有創意的生活（而且有十足的理由下這決定），有許多直搗核心的尖銳問題可以幫助你克服諸多挑戰，例如確認要創造什麼？如何激勵自己踏出第一步並持之以恆？怎麼知道自己做得好不好？如何做得更好？如何求新求變保持新鮮感？

　　這些問題適用於單打獨鬥的個人，也適合為了求新求變而一起打拚的小組。至於表達原創思想的藝術作品，或是帶動企業轉型、改變人類生活方式的創新產品，這些問題也都派得上用場。不管你覺不覺得自己有「創意」，它們都和你息息相關。

第二部

透過提問
激發
無限創造力

為何創造？

　　數年前，全球首屈一指顧問公司的創辦人大衛・凱利（David Kelley）[1] 請了一天假，到就讀小學四年級的女兒班級擔任客座老師。在校時，他接到一通醫生打來的電話，告訴他被確診罹患喉癌。病情已惡化，十分嚴重，而凱利當時 56 歲，存活率大約是四成。

　　聽到噩耗後，他第一個打電話告知的對象是弟弟湯姆・凱利（Tom Kelley），他們兄弟倆自小共用一個臥房，長大後一起創業，開了家知名設計與創意顧問公司 IDEO。湯姆當時人在巴西，剛完成產品展示，就接到哥哥來電，立即搭機回國。

　　接下來六個月，大衛接受化療與手術，所幸治療相當成功，湯姆也每隔一天就來陪他。治療接近尾聲，病情好轉，但未來依舊充滿未知數。大衛告訴湯姆，他腦海一直揮之不去一個大問題：我來到這地球到底要做什麼？

　　他已經開了一家成功的公司，有一個幸福美滿的家庭和一棟美麗的房子。但他思考如何讓自己的影響力長留人間時，他想到一個厲害的問題：我可以怎麼幫助更多的人重拾創意自信？

　　凱利兄弟決定一起肩負起這個問題，隨著大衛完全病癒，兩人的努力也愈來愈有起色，透過教書、合作出書《創意自信帶來力量》（*Creative Confidence*）、發表 TED 演講、開辦網路課程

等等，他們自創一套創意理論，背後有三個核心原則：

1. 創造力攸關企業與事業的成敗，用湯姆的話，「創造力會滲透擴及你整個的人生」，讓人生更充實、更精采。

2. 我們每個人都有創意。儘管很多人自小就被洗腦，相信自己沒有創造力。凱利兄弟在大學授課期間，以及和 IDEO 員工與客戶互動時，親眼目睹如果灌輸對方「創意自信」（讓對方相信自己有能力想出新穎點子，並讓點子從空想變成事實），你就可以釋放對方的創造力潛能。

3. 只要按照若干步驟與行為，就可以引導對方想出並落實創意點子。照著這個流程，創意可以隨叫隨到，無須等到大衛所說的「耶和華的使者出現告訴你該怎麼做」。[2] 凱利兄弟使用「設計思維」（design thinking）一詞形容 IDEO 引導創意、實踐創意的方法。我則把這套做法稱為「應用式提問」（applied questioning），因為在引導創意的過程與各個階段中，很大一部分圍繞提問打轉。

上述三個想法——創意對所有人都至為重要，我們每個人都有能力發揮更大的創意於工作上（以及我們的人生），有一些簡單的步驟可以激發以及活用我們的創意——正是本章的重點。藉由問自己問題，你可以解決上述三個問題。此外，提問也有助於解決與創造力相關的諸多挑戰：想出原創點子；克服創意瓶頸；

找出創意爆發的時間與地點（包括在各式各樣令人分心的情況下）；知道如何改進、完成、「轉載」創意；有辦法持續推陳出新，以免創意流於一成不變。

一如上一章有助於做出好決策的問題，協助你發揮與孕育創意的問題，也希望你在關鍵時刻能換個觀點與視角，讓自己用全新視角看到機會（與挑戰）。但是針對創意的提問也希望能幫助你克服創造力的起起伏伏，藉由提問偶爾給予「創意自信」一劑強心針，誠如凱利兄弟所言，創意自信存在於我們每個人身上，不管你有自覺與否。

儘管接下來的篇幅多半著墨在「如何」激發創造力，但我認為從「為什麼」開始比較明智。努力讓自己有創意是一項重大工程，但是為什麼要有創造力？既然已經有大量富有創意的出色作品，為什麼我還要錦上添花呢？事前不可能知道你的作品是否會賣得好價錢，也不可能知道有沒有人喜歡（這個人包括你自己），那麼為什麼還要冒險一試？

一開始就問自己這些問題，有助於你站在支持創造力的這一邊，而這個決定本身足以有驚人的成效。心理學家羅勃‧史坦伯格（Robert Sternberg）研究成功的創意人後發現，他們在某個時間點上，清楚地下了決定，要讓自己變得富有創意。[3] 史坦伯格得出的結論是，「沒有下這個決心，創意不會出現。」根據史坦伯格的研究結果，我們任何一個人首先要問的問題是：我願意下決心讓自己變得更有創意嗎？如果是，為什麼？

各種可能的答案不勝枚舉，但我們可以從這個不錯的答案開始：即使你的創作永遠走不出你揮汗完成它的工作室，但這件作品仍對你有非常積極正面的影響。

　　研究顯示，就算靠創意僅完成一件作品或一件事，不管多麼微不足道，都會提高你的快樂指數，增加你的幸福感。[4]《紐約時報》專欄作家菲莉絲·科爾基（Phyllis Korkki）說：「創造力是腦部的瑜伽。」[5]

　　心理學家米哈里·契克森米哈伊針對創意所做的廣泛與深入研究，也發現類似的結果。他發現，人只要全心全意投入某個工作，逼自己將想像力與能力發揮到極致，將產生渾然忘我的感覺。他指出：「畫架前的藝術家或實驗室裡的科學家，因為投入，產生了人與物之間渾然一體的興奮感，近乎完美與理想，是我們大家都希望從生活獲得的狀態，可惜得到的人少之又少。」[6]

　　我們發揮創意時，就在統治整個宇宙（或者至少統治部分的宇宙）。著作等身的詩人暨作家卡維姆·達維斯（Kwame Dawes）說：「也許終究只是徒勞，但我還是想藉寫作控制我所處的世界，重新塑造出一個我覺得世界應有且應是的樣貌。」[7]達維斯說，他寫作時，「設法用語言捕捉我看到與感受到的事物，彷彿錄下這些事物的勁力、美感以及讓人生畏的一面。有了紀錄，我隨時可重溫並重新回味一次。透過這樣的方式（寫作），我多多少少覺得自己能在這混沌的世界握有主導權。」

　　這種靠創作拾回「主導權」或「掌控感」的例子，位於紐約

的舞蹈公司藝術總監吉娜‧吉布尼（Gina Gibney）也有同感。[8]
她說：「人生裡，我們遭遇太多思想與情感被拆解得支離破碎、
面目全非的經歷。對我而言，藝術創作就是要把碎片重新融合在
一起。」吉布尼說，她早期的作品往往「帶有深刻的反省、強烈
的訊息」。但最後她發現，把四分五裂、不同類的迥異元素融合
在一起，最讓她陶醉。她說「拆解動作、設計想要的定格姿勢、
創造故事脈絡、想辦法將這些一氣呵成融合在一起」，這才最讓
她樂此不疲。

　　契克森米哈伊的研究發現，用心發揮創意產生的作品不僅讓
自己樂在過程中，還提供額外的好處：從作品中得到的心得（希
望有之）可拿出來和他人分享，「分享後或許還有更多收穫。」

　　誠如達維斯所說，「我希望把我的世界觀（我對這世界的
理解、參與、經歷等等）傳達給他人。我希望我經歷的這些能
夠被載入我所創造的文字世界。」舞蹈公司藝術總監吉布尼認
為，她的作品（現場舞蹈演出）是「一種禮物」，是「我最有
意義的工作」。

　　創意能給這世界提供新穎想法，以及可能充滿價值的創作，
所以創造力不只限於提供創作者個人幸福感，還有其他諸多好
處。具備創意可讓你在事業上更成功。創意不僅限於藝術圈，也
適用於企業界，涵蓋廣泛的職業與活動。

　　暢銷書作家兼企業顧問卡爾‧紐波特說：「在 21 世紀，一
個人或一個企業的市場價值在於有能力生產罕見以及有意義的東

西。」[9] 新創實業家的成就往往取決於有能力發掘並開發有創意的點子。在老字號的組織裡，領導人與高管之所以意氣風發，多半是因為有遠見，能以創意十足的辦法解決公司的疑難雜症。就連最低階的員工也可能平步青雲，只要他們能提出想像力十足的新穎工作方式。

在某種程度上，上述的確說明了一部分事實（但也並非顛撲不破的真理：畢竟多年來，數不清有創意的員工被告知，「乖乖做好你分內的工作」）。不過現在倒是再真實不過了，因為當今企業面臨龐大壓力，必須不斷推陳出新才跟得上瞬息萬變的市場以及有增無減的競爭。創新通常得靠員工，員工尤其須具備思考能力，以及開發新穎點子、全新產品、嶄新作業流程、新解決方案等實力。

如果你有能力發揮創意，可能比以前更搶手。舉例而言，過去從未把創意視為領導力的必備條件，但近來研究已把創意視為企業領導人的最高技能。職場上，創意的價值在未來幾年只會加速升值。科技取代了許多非創意的工作，剩下的工作機會將由能發揮創意的人士包辦。

既然創造力有這麼多好處，為什麼有人會下決意與創意**為敵**呢？根據凱利以及其他創意專家的說法，這並非刻意的決定使然。阻止大家發揮創意的原因在於他們不相信自己有創造力。

我的創造力去哪兒了？

有關自己的創造力，最常問錯的問題是：我有創造力嗎？暢銷書《創意的迷思》（*The Myths of Creativity*）作者大衛・博柯斯（David Burkus）發現，有關創意的主要迷思之一是他所謂的「血統迷思」（breed myth）[10]，亦即迷信有些人天生有創意，有些人則否。博柯斯指出，並無科學佐證有無創意是基因決定。他說：「我們在研究文獻裡找不到任何一篇顯示人類體內有『創意基因』。」然而「我們提及創造力時，彷彿它是上帝饋贈的禮物，其實每一個人身上都有。」

博柯斯與其他專家指出，許多人在小時候展現驚人的創造力，顯示人人**生來**就有創造力。的確，許多人小時候會自由發揮想像力、無拘無束畫畫、勞作、勇於實驗，但年齡愈長，這些事似乎愈做愈少。這點顯示出與其問：「我有創造力嗎？」不如問：「我的創造力去哪兒了？」

許多人指出，學校的教育導致學生喪失創造力，儘管同儕與社群壓力也要負一部分責任。博柯斯說：「年齡漸長，你愈來愈清楚，不是每個人都欣賞你天馬行空的瘋狂想法。」

暢銷書作家布芮尼・布朗（Brené Brown）發現，她訪問的人士當中，約三分之一說得出小時候「創意傷疤」（creativity scar）[11] 怎麼來的，還記得當時有人嫌棄他們的創作不夠好。這

樣讓人漏氣的話甚至可能出自親友，可能也是基於好心吧，規勸他們「與其浪費時間追求藝術成就，還不如好好專注於更實際的事吧」。

博柯斯說，久而久之負面回饋成了被接受的事實，甚至成了方便的藉口。「你會說：『嗯，我不是那種有創意的人。』於是就這麼放過自己一馬，甚至連試都不試。」

大衛·凱利說，這態度常見於來找 IDEO 諮詢的客戶，而他在史丹佛大學的課堂上也不乏這種態度的學生。他說，大家一開始堅稱他們「沒有創意」。

如果想變得更有創意，請務必停問以下六個問題

說到創意，以下是幾個常見的錯誤問題。看完之後，請不要再問了。

- **我有創造力嗎？**如果你是人，你一定有創造力。世上沒有「創意基因」這回事，不是有些人有，有些人沒有。創意是每個人生來就有的天賦。

- **我多有創意？**創意不易測量，所以這問題很難回答（此外，創意不是競賽）。不妨改一下問題：我怎樣才能有創意？你可能會找到許多答案。

- **我在哪裡可以找到獨到之見？（不是所有點子都已被人想過了嗎？）**若把創意比做一疋布，所有創意都混紡了既有的一些想法碎片，並非百分之百的原創布。這些碎片俯拾即是。

- **我從哪裡找出時間發揮創意？**不妨從關掉手機做起（除非你用手機創作）。

- **我怎麼樣才能想出賺錢的辦法？**別一開始滿腦子都是想要的結果。先想出有意義的點子，錢接著（也許）就會進來。

- **我該從何處開始？**無須等到天時地利人和才開始。引用作曲家約翰·凱吉（John Cage）的話，「隨時隨地都可開始」。

「我們知道這不是事實，因為他們最後在課堂上交出讓人驚豔的成果。」為了建立他們的自信，凱利鼓勵學生一開始先練習小型的創意，諸如畫簡筆畫、做些簡單的勞作等等，然後逐步

提高自己的能力，完成難度較高的作品。

過程中，凱利向學生保證，不管他們畫技好不好，這絕非評量創意的標準。繪畫是一種技能，只要給它時間，自然會愈來愈好。然而創造力不是技能，而是一種「心態」，一種觀看世界的方式。我們每個人都有能力分析難題、話題、情勢、主旨等等，然後提出自己的想法與詮釋。

一如問對問題可以激勵創意，若問錯問題（一些根植於錯誤性假說的問題），一樣也會打壓創意。許多人為了保護自己，不想因為嘗試創意性工作而讓自己涉險，有時一開始就提出意在勸退自己的問題。

甚至還沒開始，有人就開始擔心外界會以什麼眼光看待他們的創意，也懷疑自己的努力最後是否有回報。他們這麼做顯然太關注於結果而非創作本身。舉例而言，不少人會問：我怎樣可以想到賺大錢的辦法？（或是找到「可讓數百萬人感動」的點子？）習慣這麼問的人應該想到，打一開始就想確定自己的付出可得到什麼結果，著實不易。心理學家狄恩・席蒙頓（Dean Simonton）發現，即使經驗豐富的創意人也很難預測他們每次推出的作品是否會成功造成轟動[12]，創作人就是不擅長這類預測，不曉得什麼會是票房保證、什麼會是票房毒藥。不過成功藝術家靠著勇往直前、不斷創作，克服此一問題。先別管結果，只要不斷地創作，偶爾也會冒出幾匹跌破大家眼鏡的黑馬。

如果你猶豫是否要完成一件作品，也想確定自己是否有正當

的理由進行到底，不妨問自己：如果我一開始就知道這件作品不可能讓我名利雙收，我還會繼續嗎？

　　凱利兄弟表示，害怕跨出第一步也是阻礙創意事業的一大絆腳石。這種恐懼會以多種方式呈現，其中以下這三個問題，最常被用來逃避從事創意相關的工作。當心這三個「哪裡」：我哪裡找得到時間？我哪裡可找到創意？我從哪裡開始？有關「時間」問題，我們待會再解決，但是後面這兩個問題，答案分別是：一，到處都是；二，任何地點。還有更長的答案在後頭。

如果我主動搜尋問題會怎樣？

　　思考要從哪裡以及如何才能找到創意時，可以想想兩個最近大受歡迎並廣受好評的突破性想法，比如很夯的 Nest 溫度調控器以及百老匯（Broadway）賣座音樂劇《漢密爾頓》（*Hamilton*）。一個是消費性商品，出自設計師東尼‧費德爾（Tony Fadell）。另一個是表演藝術，幕後推手是劇作家兼嘻哈音樂人林-馬努艾爾‧米蘭達（Lin-Manuel Miranda）。兩件作品都極具創意：沒有人見過像 Nest 溫度調控器這樣的家用品，也沒看過像《漢密爾頓》這樣的音樂劇。到底費德爾與米蘭達是怎麼「發現」這兩個厲害的創意呢？

　　費德爾不必天羅地網地搜尋創意，他只是盯著看。[13] 我們多

數人根本不會注意溫度調控器，但費德爾有雙設計師的眼睛，每下榻一個住處，都會忍不住盯著房子裡老舊的溫控器，「製於 1990 年代醜不拉嘰的米白色盒子」被安裝在牆上顯眼之處。他們看起來不僅醜，還很難操作，從技術的角度，完全跟不上時代。費德爾心想：在智慧型手機這麼講究時尚感的時代，為什麼溫控器還這麼笨重醜陋？他開始設計新型的溫控器，既有時尚的外觀又能與智慧手機相結合，產品在 2011 年上市時，立刻被搶購一空，短短兩年內，成了業界的領頭羊。

至於劇作家米蘭達，他的靈感在書店等著他[14]，然後一路跟著他回到度假下榻的飯店。米蘭達買了美國開國元勳亞歷山大·漢密爾頓（Alexander Hamilton）傳記，由作家羅恩·切爾諾（Ron Chernow）執筆。他本來只是希望旅途中能讀些東西打發時間，但讀了之後，欲罷不能，腦裡突然響起喀啦一聲。[15]

引用設計師索爾·巴斯（Saul Bass）的話，創意「源於看著一樣東西，卻有不一樣的眼界與想法」。[16] 米蘭達說，他讀著移民漢密爾頓的傳記，卻看到美國移民史這個更大的故事架構（米蘭達是移民第二代，父親從波多黎各移民到紐約）。閱讀《漢密爾頓》時，他從男主角漢密爾頓身上看到當代嘻哈歌手圖帕·薩科（Tupac Shakur）的影子——憤世嫉俗、勤於作詞寫曲、動不動就幹架等等。[17] 不久，米蘭達就為漢密爾頓這個角色創作嘻哈歌曲，最後這些歌曲成就了音樂劇，在百老匯演出後立刻造成轟動。

Nest 溫控器與《漢密爾頓》的源起有哪些共同點？兩者不約而同顯示，創意的來源不像一般人所想地彷若晴天霹靂突然出現，反倒更像近在眼前。漢密爾頓與 Nest 也體現了何謂「智慧重組」（smart recombinations）[18]，利用現有的元素或想法，重新組合創造出別出心裁或與眾不同的東西。費德爾結合了溫控器與 iPhone 的功能；米蘭達以亞歷山大·漢密爾頓的故事為本（根據切爾諾的傳記），結合了嘻哈音樂、百老匯經典音樂劇以及其他元素。

大衛·博柯斯指出，創意存在於現實生活的事與物，就在我們周遭，等著被我們發掘後，再發揮想像力重新改裝組合，這正是大多數創意作品問世的方式，只不過我們不習慣以這樣的方式看待創意就是了。

博柯斯將這歸因於「原創性迷思」（originality myth），這觀念主張創意必須來自於百分之百原創的想法或原創材料，這是對於創造力最大的誤解之一。他說：「幾乎所有新穎想法都有既有想法的成分。」他指出，iPhone 就是最好的例子。在 2007 年，賈伯斯結合了手機、黑莓機、相機、音樂播放器 iPod 等產品，推出全新形式的綜合體。

這類創意會自然湧出，因為我們的大腦會自動出現這樣的聯想與組合，無須為此覺得內疚。神經內科醫師奧立佛·薩克斯（Oliver Sacks）在其發表的文章〈創造性自我〉（The Creative Self）中指出：「問題不在於『借用』或『模仿』，不

在於『衍生』或『受影響』，而是如何處理這些借用或衍生而來的想法。」[19] 只要借用人「將衍生的想法與自己的經驗、想法、感情相結合」，用「自己獨樹一幟的方式呈現出來」，這一切有百利而無一害。

對於渴望推陳出新的人而言，這應該會讓他們鬆一口氣。沒有什麼比關在安靜的房間，絞盡腦汁憑空想出「偉大創意」還讓人崩潰的事。但是如果創意不用百分之百原創，那麼想出新點子也就不會那麼令人覺得遙不可及。周遭可以刺激靈感的素材俯拾皆是，等著我們研究與摸索，儘管我們還不是百分之百確定該怎麼改造這些素材。

如果我們接受上述觀念，對於這問題：我在哪裡可發現原創想法？你至少可給出一部分答案：任何地點都可發現刺激原創想**法的潛在素材**。但是這些素材出現時，往往被包裝在別人的想法裡，所以還不屬於你（至少如果你渴望當個有道德感的原創者，應會拒絕原封不動地挪用或剽竊）。當費德爾與米蘭達看著眼前可提供創意的素材時，繼而聯想到相關但完全不一樣的東西。

為什麼我們遇到的某些素材會啟發我們的想像力，有些則不會？我們能一眼就看出兩者之別嗎？其實在某種程度上，還是有運氣的成分。米蘭達表示，他那天似乎命中注定吧，不知何故到了書店，不知何故買了漢密爾頓的傳記，原本很可能買的是美國總統杜魯門（Harry Truman）的傳記（不過很難想像嘻哈音樂劇會出自這樣的傳記就是了）。

除了運氣，靈感似乎更可能出自某些特定類型的影響力，所以如果我們夠聰明的話，應該朝那些東西靠近。不意外地，我們習慣被感興趣的東西吸引，用更強烈的話來說，我們習慣被能激勵我們內心裡的一些東西吸引。接下來則是把感興趣的東西進一步升級，諸如改進、改編或是改造，就看個人的眼光與視野。

費德爾對於溫控器感興趣，但也從中預想到更好的東西。米蘭德被漢密爾頓的生平與故事吸引，隨即湧出靈感，希望把它改頭換面，變成符合自己預想的故事。你可以說，這兩人極不滿他們遇到的素材，專注於找出素材不足之處，以及變身後可能的樣貌。他們希望在舊瓶裡裝入新酒。

另外一個思考角度是，當你尋找靈感時，與其說是在尋找靈感本身，不如說是發現問題與不足之處。

根據契克森米哈伊與社會科學家雅各‧蓋哲爾（Jacob Getzels）的說法，「有創意以及沒創意的差別在於能否發現問題、提出問題。」[20] 他們的研究發現，最成功的藝術家習慣在現狀中想辦法改造現狀。他們不習慣照遵照指示，直搗黃龍解決問題。創意人是「問題發現者」，主動找出問題。發揮創意的過程涵蓋兩個層面，一是發現（甚至製造）問題，二是用獨到的方式解決問題。

大家普遍的想法認為，創意人應該想出完整而成熟的解決方案，而非發現問題。這個抵觸既有認知的現象顯示，創意與解方其實和發現問題息息相關，但**問題**畢竟才是起點。搜尋問題時，你會環視周遭，關注某個面向，諸如某個情況、既有的

創意作品、主題等等，然後深入探討：這裡缺了什麼？發生了什麼不合理的事？哪些故事隱而沒說？整件事可以怎麼舊瓶裝新酒或是改頭換面？以及最關鍵的問題：我為什麼要自投羅網，把別人的問題變成自己的問題？

米蘭達深受漢密爾頓的故事感動，因為它涵蓋的主題，包括移民、文字的力量等等，深深打動了他，讓他產生強烈共鳴。他受訪時表示：「我被它裡面的某些東西攫住了。」[21]

> ### 若想找到偉大靈感，可詢問以下問題
>
> - **什麼激盪了我？**要找到值得你發揮創意解決的「問題」，先從你最感興趣的東西開始，亦即它觸動你看重的事物。
> - **什麼困擾了我？**沮喪是許多創新以及創意得以突破的起點。
> - **這還缺了什麼？**上一個問題可能關注於已存在的現象或不足之處，這個問題則關注於缺了什麼——應該有而沒有的東西，該有的需求沒有被滿足，觀點不具代表性而被漠視。
> - **什麼東西讓我一再回頭重溫？**注意工作上乃至對話時一再重複出現的主題。這可能是重大靈感試圖與你搭上線的跡象。
> - **哪些東西該重新換裝再造了？**或許是產品，也可能是經典的故事、主題或文類。

這感覺一定很強烈，但不見得一定很陽光很正面：你可能被一個問題搞得心神不寧，因為它困擾你，到了讓你無法忍受的地步。費德爾被問及創意的靈感從哪裡來時，他點出「沮喪」兩個字。[22]他說：「我環顧周遭世界，以及各式各樣的產品，心想：『這東西有什麼問題？為什麼找不到（更好的）產品？』」以溫控器為例，他感到非常沮喪，心想這東西這麼重要，是維持

室內恆溫的必備裝置，但是怎麼如此欠設計感，長期以來都是這種拙樣。

近年來，矽谷的創新故事不乏出於有人對生活上某問題感到沮喪或懊惱，進而發揮創意解決，先是推出改良版，然後一勞永逸提出解方。網飛、民宿訂房平台 Airbnb、平價眼鏡電商沃比·帕克（Warby Parker）以及其他不勝枚舉的新創公司，都是靠發現問題而發跡。IDEO 合夥人湯姆·凱利說，挫敗是創意與創新的寶庫，我們每個人都應該善用之，不妨列出讓自己深感沮喪的「缺失清單」（bug list），記錄所有日常生活中亟需改進的缺失，然後定期審視，發揮創意找出解決辦法。

務必找出並抓牢任何能讓我們心動的東西，不管那東西是困擾我們還是激發了我們的想像力。為阻止這麼寶貴的靈感消失不見，凱利兄弟建議「有系統地抓牢靈感」。大衛·凱利在淋浴間放了白板與馬克筆，湯姆則是走到哪一定帶著他的筆電。但是寫下靈感還不夠，還得定期回頭重溫。湯姆會在每週的尾聲問自己：本週我最有創意的想法是什麼？答案都寫在他的筆電裡。

華頓商學院心理系教授暨暢銷書作家亞當·葛蘭特也做類似的事，但方式略微不同。葛蘭特將想法與靈感寫在筆記本裡[23]，每週末再把手寫筆記輸入電腦，儲存為 Word 檔案。他說：「然後每月一次，我會打開電腦檔案，複習自己記錄的所有點子。來回複習兩三遍自己親筆寫下來的點子，效果顯著。如果我被某個想法感動多次，表示那點子應該真的不賴。」

的確，當一個想法或靈感不斷出現在你的生活或工作上，你應該問自己：這個問題是不是很想找到我？有時候，某個主題會在你不知情的情況下在你身邊一直打轉。小說家丹尼斯‧勒翰（Dennis Lehane）說：「我寫到第七本書才發現它的身影，其實它已出現在我每一本小說，只不過藏在問題裡：『什麼是家庭？你對家庭的定義是什麼？』家庭是血緣的結合？還是透過選擇而形成的單位？」[24]

　　先問自己：我一再回頭重溫（問）什麼？進而發掘並確認已經存在、只是還潛伏在某處等你注意的想法與主題。如果我們再屬害些，能看見**尚未**存在（但也許未來應該會出現）的東西，就能進一步善用各種資源，發展更多創意的可能性。

這世界少了什麼？

　　不易發現問題是因為我們常常不把問題當問題，或是根本沒有注意到它們的存在。以費德爾的溫控器為例，缺失無所不在，等著被我們發現，進而想辦法解決。但是溫控器明明就在眼前，可惜大家對它太習以為常，鮮少費神觀察它，連帶也沒注意到它的問題。

　　我們要怎麼發現潛伏於我們身邊的創意機會呢？湯姆‧凱利認為，只要用心，仔細觀察周遭環境，一定可以找到機會。目標

是觀察我們習以為常的東西，除了日常用品之外，也包括我們的工作方式、周遭人群，甚至上班習慣走的路線，一切彷彿是第一次相遇，第一次看見。大衛‧凱利在史丹佛大學教導設計系學生如何發現問題，偶爾會帶他們參觀早已熟悉的地方，諸如加油站、機場或醫院等等，然後要求他們安靜地觀察這些地方發生的大小事。無一例外，大家都看見了之前從未留意的細節。

＊＊＊

湯姆‧凱利說，我們多數人沒有注意到周遭大小事的細節，因為我們「太快結束觀察」。其實看不看得到細節不僅是因為觀察時間的長短，觀看時焦點擺放的位置也很重要。

史丹佛大學商學院教授鮑伯‧蘇頓（Bob Sutton）撰寫了大量有關觀察力的書籍，指出若想看見更多細節，我們必須「將焦點從前景的物件或圖案，後移到背景的物件或圖案」。[25]

蘇頓說，試著改變觀點與視角時，不妨從平常的習慣與一成不變的行為中後退一步。此外，問問題也有助於改變你的視角。若想觀察得更仔細，你可以問這個問題：如果這是我第一次看到X，我會注意到X什麼？

這個問題的另一個變體是：一個五歲的孩子會怎麼看這物件或這情況？這孩子可能會注意到什麼？這問題的目的和上一個問題一致，都在試著改變你的視角。凱利還建議另外一個視角：旅

人或訪者的視角。他說：「旅行途中，你會注意每一個細節，因為你到了一個陌生的世界與環境，必須搞清楚狀況。」所以早上上班走在熟悉的路上，可問自己：旅者會怎麼看這裡？

用心聽也和細看一樣重要。電商巨擘亞馬遜創辦人傑夫‧貝佐斯說，當你試著「找出生意上的問題」，牢記「客戶**永遠**不

要看見不一樣的世界，可問以下問題

● **如果這是我和它第一次相遇，我會注意到什麼？** 就用全新的視角觀察你的工作、周遭人士、以及每天上班的路線。

● **如果我站在辦公桌上會怎樣？** 不見得要照字面的意思做，但試著改變你看事情的角度。

● **背景有什麼？** 試著聚焦於被遮住或被大家忽略的東西。

● **這裡有什麼可吸引五歲小孩？** 或是90歲老人？

● **什麼會逗樂喜劇演員宋飛？** 用喜劇人的眼找出矛盾與落差。

● **什麼會讓史帝夫‧賈伯斯感到沮喪與懊惱？** 用創新人的雙眼發現不足之處。

會滿意，理由冠冕堂皇、讓人嘖嘖稱奇」。[26] 他們會從產品裡找出大大小小的毛病，然後用某種方式表達不滿。如果商家沒有認真聽，這些毛病與問題就「不會被發現」（商家普遍而言不太擅長發現問題：一項研究指出，受訪的公司中，85% 坦承它們不易診斷自己哪裡出了問題）。[27]

就連藝術家或作家都可透過留意「客戶」的意見回饋，發現可以繼續跟進的新問題。亞當‧葛蘭特坦言，他的新作《反叛，改變世界的力量》（*Originals*）有部分靈感出自於上一本書讀者的回饋與提問。創意教練陶德‧亨利建議：「看著自己的作品然

後問，我什麼時候最能引起共鳴？大家對我哪些作品內容有反應？」[28]

如果有個協助你一眼看出問題所在的萬能問句，十之八九會是這個：這還缺了什麼？多數產品有問題都是因為缺了什麼東西。例如費德爾輕易就看出溫控器少了什麼（時尚感、操控設定、功能性等等），但不見得每個缺失都那麼明顯，一眼就可看出。有時少掉的部分可能還不存在，必須靠想像。亞歷山大・漢密爾頓故事到底缺了什麼？米蘭達靠著天馬行空的想像力才得到答案，缺的竟是嘻哈節奏。

提供商品或服務的企業應該問：商品或服務缺了什麼？要規律、持續不斷地問。但不見得要像字面說的，實際提出問題，倒是可像 IDEO 以及其他專家所言，靜靜地觀察產品使用者的使用情形，看看他們在哪個環節遇到了麻煩。以觀察取代提問也許更有效，也更能發現商品與服務到底缺了什麼。

但是「這還缺了什麼？」也同樣適用於藝術創作，只是方式不同罷了。實業家可能會問我們所在的世界少了（或缺了）什麼？藝術家也關注這世界「少了」什麼，但所謂少了什麼指的是我們沒有看見的東西，例如某個故事的視角或面向，很多人沒有發現，或是有所誤解，但藝術家看見了。若藝術家能發現他和大眾之間的落差，他就發現了一個很棒的問題。

為什麼這是我的問題？

　　僅僅因為你發現了問題（或問題發現了你），是否代表這是你應該繼續跟進、發揮創意的好問題？葛蘭特說，他決定開始一個創作計畫時，「我首先要問的是：我期待思考這個主題嗎？我對很多事情感興趣，往往一開始有興趣，是因為新鮮又好玩，所以我會問自己，我願意努力不懈六個月或一年做這件事嗎？」

　　問自己「我明天還愛這個問題嗎？」時，不妨考慮一路下來可能會遇到的挫折與失敗，意味你最好有足夠的熱情去承受這些負面情緒。

　　葛蘭特說，他要問的第二個大問題是：我的貢獻獨特嗎？他說：「我以前習慣來者不拒，只要覺得自己也許幫得上忙的事情，我都說好。而今我會想清楚，我能貢獻什麼是其他人做不到的？」

　　同樣地，費德爾負責 Nest 溫控器這項目時，首先問自己：這是不是我可以發揮個人專業的挑戰？他之前曾在蘋果擔任首席設計師，所以請他打造類蘋果時尚的溫控器，完全是最理想的不二人選。同樣地，米蘭達以獨特方式結合了自己的天分與專業（百老匯與嘻哈音樂的碰撞），有了充分準備的他，讓音樂劇《漢密爾頓》一炮而紅。

　　另一個要問的是問題的「所有權」（ownership）。也許你提出的是一針見血的好問題，但這問題歸你一人擁有嗎？你可

以宣稱有所有權嗎？如果你發現其他人也在追求類似的機會，不表示你就非放棄不可，但必須問自己另外一個問題：如果其他人也在跟進類似的想法，我的特點是什麼？我的方式和其他人有何不同？

最後要問的是潛在影響力。如果我真的解決了這個問題，有什麼益處？費德爾針對這點問了自己兩個問題：（Nest 溫控器）會帶來改變嗎？這是一門大生意嗎？第一個問題聚焦在產品可能對生活的正面效益，結果費德爾認為，影響應該頗大。第二個問題衡量了市場需求是否大到足以支撐這門事業。

> **全力落實一個創意前，先問自己**
>
> • **我能宣稱這問題歸我一人所有嗎？** 最好的結果是，你一個人注意到某產品或服務存在的問題。但若其他人也已開始探討這問題，你可改問自己：我有什麼特別之處？
>
> • **我能給這東西加分什麼，而別人辦不到？** 這比較無關你想採用什麼方式（你讓產品轉個彎的特長），更重要的是你該如何結合天分、視野、專長做出獨特的貢獻，迎戰這一個創意性挑戰。
>
> • **我明天還愛這個問題嗎？** 這是「水晶球」問題：要求你預想你感興趣的主題以及想要完成的作品，如何不會隨時間流逝而讓你降溫、失去熱情。
>
> • **潛在的好處是什麼？** 不要與難以預測的結果混為一談（我會因為這個創意賺進 100 萬美元嗎？）而是試著預想該計畫在最佳情況下可能產生的正面影響。

費德爾蒐集了相關數據，評估溫控器市場的需求，結果顯示它的確有潛在商機。但他假設了溫控器可以被製造出來，以及會賣得不錯，這些都是最佳預測狀況。雖然還是有可能慘遭滑鐵盧，例如費德爾可能做不出預想的產品，但他並未放棄，打心底知道，如果他**真的**成功，這產品將有巨大的影響力。

值得注意的是，費德爾的問題並未關注結果，諸如他可能賺到多少錢等等。所幸他的努力最後以成功收場，Google 斥資30 億美元收購了 Nest，讓費德爾名利雙收。但費德爾一開始提出的「水晶球」問題，聚焦的是產品對於消費者以及產業的潛在影響。

　　當你發現問題所在，並決定把它攬在肩上後，有個小動作簡單卻有顯著效果：把你要迎戰的挑戰包裝成優美的問句。若你想讓溫控器擁有和 iPhone 一樣的時尚感，可以這麼問：我如何設計出一個魅力不輸 iPhone 的溫控器？把挑戰變成問句，有助於打開創意的水龍頭，因為你的腦袋（包括潛意識）一旦被問到問題，無法不做出回應。

　　這不僅適用於產品創新，也適用於藝術創作。華裔作家譚恩美（Amy Tan）說過，當她把正在醞釀的靈感包裝成問句時，這問句可以提供「焦點」[29]，指引她走過崎嶇的創作之路。

＊＊＊

　　米蘭達一決定將漢密爾頓的「問題」攬在肩上後，開始鑽研漢密爾頓這個人以及他的人生。[30] 他大量閱讀文獻，包括漢密爾頓的書信。他也訪談了切爾諾以及其他專家，並親訪漢密爾頓曾經居住以及寫作的地點。他甚至去了漢密爾頓與人決鬥搞到喪命的決鬥場。米蘭達所做的一切都是為了提供他的創意腦各式各樣

的原始素材，以便和漢密爾頓產生交集與連結。

威廉瑪麗學院（College of William & Mary）的教育系教授金慶希（Kyung Hee Kim）鑽研創意長達25年，她說，研究可以餵養創意。[31] 一個人迸出新穎獨到的想法之前，「必須在某個領域累積足夠的專業知識與技能，援引的素材才豐富可觀。」

卓克索大學（Drexel

問「四個為什麼」，協助自己了解問題

- **為什麼這個問題重要？** 靠研究進一步了解問題所在，以及深入探討誰會受影響以及如何受到影響。從整體效益以及未來縱橫交織的影響，考慮其重要性。
- **為什麼這問題會出現？** 試著找出問題出現的根本原因（這可能需要問自己更多的「為什麼？」才能深掘到問題的最核心）。
- **為什麼這問題還沒有解決？** 這問題會讓你看清面臨的障礙（也有助於發現過去累積的經驗教訓）。
- **為什麼問題現在可能已發生了變化？** 哪些條件與動力可能導致預期的變化？

University）心理系教授約翰·庫尼歐斯（John Kounios）指出，頓悟或是靈感乍現那一刻（Eureka!）似乎來得莫名其妙、突如其來，「其實它絕非無中生有」。[32] 他說：「你發揮聯想力建立全新連結關係的能力到底是受限或被擴大，決定因素在於你知識的多寡。所以若你的目標是冒出新的想法與創意，首先必須做足相關功課，在你希望創新的領域累積專業。」

從事相關研究時，專注於「為什麼」的問題，進一步了解面對的問題與課題。為什麼這個問題重要？為什麼這問題會出現？為什麼還沒有人出面解決？為什麼問題現在可能已發生了變化？

這些問題不僅適用於商業創新，你也可以用類似的「四個為什麼」深掘虛構人物的動機，例如：為什麼這個人重要？為什麼他會覺得受挫？為什麼他沒有想辦法做些什麼？為什麼他現在準備好要為這個做些什麼？女演員羅拉‧林尼（Laura Linney）透露，她拿到角色後第一步是「讀劇本，然後問『為什麼？』直到問完所有的為什麼」。[33]

問了「為什麼？」問題以及蒐集各式各樣的研究後，接下來是醞釀創意期，也就是彙整碎片般零散的資料，形成觀點與見解。這是需要深思與專注力的階段，也要一個不受打擾的環境。你無法隨便選個地方醞釀創意，孕育創意需要一個窩，或者更正確地說，需要有個殼。

我的龜殼在哪裡？

英國重量級諧星約翰‧克里斯（John Cleese）是催生英國電視喜劇節目《蒙地蟒蛇的飛行馬戲團》（*Monty Python's Flying Circus*）其中一位推手，他也成功開闢了事業第二春，擔任企業領袖的創意教練。數年前，我觀看他就創意發表的一場演講[34]，他堅稱創意人一定得定期躲到他所謂的「陸龜圈地」（tortoise enclosure），這個主張讓我有強烈共鳴。所謂陸龜圈地指的是可讓一個人不受打擾揮灑想像力的安全與安靜地點。克里斯建議大

家，撥出一段時間躲入殼裡，「直到時間到了才能出來。」

受到該演講啟發，我開始尋找自己的陸龜圈地，結果找到了一個無窗的地下石室，我稱之為「洞穴」，並和幾個作家合租，分享這間位於維多利亞豪宅地窖的石室。我們制定了時間表，每個人可以輪流在洞穴裡單獨地打發時間。一旦進入洞穴，完全切斷與外界聯繫，不可能收發簡訊或推文（忘掉 Wi-Fi 吧，這裡連空氣都稀薄），所以我們讀不到其他人的作品，也不能談論自己的作品，啥也不能做，只能自己寫些東西。

遵照克里斯的建議，我撥出固定的時間進入圈地，通常一次是四小時，只有等到時間到了，才能回到地上重見天日。如果大家覺得這聽起來彷彿是自我懲罰，偶爾的確有那樣的感覺，但更常經歷的是全神貫注的奇妙感覺，生產力也超高。我在那裡花不到一年就完成了一本書，另外一個洞友約瑟夫・華勒斯（Joseph Wallace）也是如此（他當時執筆撰寫末日驚悚小說，有次對我笑言：「外面世界若真的崩了，我可能也不知情。」）

大家似乎覺得創作的場所可有可無，以及創意可以隨時隨地出現，其實創意往往需要創作者百分之百集中注意力，但今天讓人分心的事物沒完沒了，導致專注力岌岌可危。從來沒有像現在這麼需要一個殼、洞穴之類的避難所。因此問完：為什麼要創作？以及我想創作什麼作品？接下來一定要問：我可以在哪裡創作？

答案因人而異。我的洞穴可能不適合《呆伯特》（*Dilbert*）系列的作者史考特・亞當斯（Scott Adams）。他說唯有被熱鬧

喧囂的人聲包圍，例如咖啡廳裡，才能讓他靈感泉湧。[35]

不管在哪裡創作，地點一定要能夠讓你全神貫注。暢銷書《深度工作力》（*Deep Work*）作者卡爾‧紐波特說：「專注力是新 IQ。」[36] 誠如紐波特所言，專注力的天敵是讓人分心的事物，而分心現象之普遍，已到了流行病程度。紐波特與其他專家發現，分心已內建在社群媒體的設計裡，因為社群媒體的目的就是要「挾持大腦裡的專注力網路」，導致我們無法保持專注，無法掌控注意力。作家安德魯‧蘇利文（Andrew Sullivan）發現：「日常生活中不活動的微小裂縫……被刺激與噪音有系統地霸占。」[37] 我們卻「才剛開始意識到這些代價」，意味數位成癮低頭族的現象已影響生活方方面面，從人際關係乃至工作效率，無一不被影響。

網路成癮對創意的威脅與殺傷力尤大，不斷地被打斷讓你無法集中注意力，而注意力是創作的必要一環。簡訊、電子郵件、推文不斷湧入，喧賓奪主，瓜分你的注意力，讓你無法專心從事創意工作。其實我們多數人寧願回覆一封又一封的電子郵件，也不願面對等著你揮灑創意的空白紙張。我們其實**想要**被分心。一如奧地利設計師施德明（Stefan Sagmeister）所言：「被動反應比費神創作容易。」[38]

關於這問題的討論愈來愈多，但數位科技導致分心的現象依舊存在，因此我們所有人必須有一套自己的因應方式，才能保護我們專心思考的機會，不讓它受外界干擾。不妨從以下這

個不錯的問題開始，這問題出自作家馬修‧克勞福德（Matthew Crawford）：如果我們看待注意力的方式和看待水與空氣時的態度一樣，認為三者都是我們人類共有的寶貴資源，那麼會怎樣？[39] 這接著導出第二個問題：我該如何保護這個珍貴資源？

為了做到這點，紐波特建議，我們應把上網時間與離線時間互相對調。他說：「我們不是暫停使用數位媒體，而是**反過來**，偶爾休息一下，放縱自己使用數位媒體。」[40] 換言之，把問題改個方式與框架，定期反問自己：我什麼時候應該休息一下，抽個空連線上網？

對那些無法戒網癮的人，部落客科馬里德‧海建議問自己這個問題：如果我非連線不可，至少我該如何確保自己能掌控一切？[41] 他有一套自己「駭」自己的辦法，強迫切斷數位依賴，「以便能專心於重點工作」。他的撒步是：為每一個社群網帳戶以及手機設計難記又冗長的密碼（目的是讓你難以登錄，至少拖慢登錄的速度）；

如果你找不到時間發揮創意，問自己這五個問題

- **如果我開始將注意力視為寶貴的資源，我該怎麼更好地保護它？**

- **我怎麼把「管理者的日程表」轉變為「製造者的日程表」？** 前者塞滿了各種邀約與會議；後者則留下數小時不受打擾的一大塊時段。

- **我該修剪枝蔓嗎？** 如果你要應付太多的項目與消遣，忙到無法分身，不妨考慮去蕪存菁。

- **如果我不看晨間新聞，改而擁抱「晨間繆斯」呢？** 一日之計在於晨，早上是創意性思考的黃金時段，所以別再看晨間新聞了，起床後直接進入龜殼。

- **如果想要戒掉社群媒體，我該怎麼做？** 拉長離線時間並換位思考，趁休息抽個空才連線社群媒體。

關閉通知；關閉 Facebook 的動態消息；批次處理（batch）電子郵件收件匣（這設定可以讓你群發電子郵件，例如一天三次）；把手機螢幕調成灰色（海堅稱，去掉顏色比較不容易讓人上癮）；如果上述一切都無效，他建議那就「進入飛行模式吧」。

少了網路之類的刺激，你會落得無聊沒事幹嗎？也許吧，但這可能利於你激發創意。最新研究顯示，無聊的人能想出更多點子。[42] 因為無聊，人開始做白日夢，做白日夢則與靈光乍現或創意性頓悟有關聯。心理學家珊迪・曼恩（Sandi Mann）說，其實現代人白日夢做得**不夠多**，因為「我們把人生裡應該無聊的時間都拿來滑手機或玩平板」。[43]（她接著說：「這就像吃垃圾食物一樣。」）

什麼時間是我的黃金時段？

約翰・克里斯認為，光是躲到殼裡隔絕外界打擾並非刺激創意的唯一必要條件。他說，有創意的人要做到多產，必須豎立「保護空間與時間的壁壘」。

要進行深度創作，需要挪出大量的時間。時間多寡則因人而異，我自己至少要 3.5 小時（其中三個小時不受打擾專注工作，另外半個小時泡茶以及整理一下桌面——作家的暖身工作，猶如上臺前清清嗓子）。

給自己充裕時間一個人靜思或不受打擾地從事創意工作，對忙碌的人而言，猶如負擔不起的奢侈品。矽谷創投專家保羅·葛蘭姆（Paul Graham）曾撰文點出「製造者的日程表」與「管理者的日程表」之別。[44] 他說，製造者需要數小時的一大段時間進行創作。反觀管理者，認為事情應該盡快完成交差，所以會把日程表細分成半小時至一小時的小單位。因為製造者負責生產，管理者負責開會。借用設計師施德明的想法，製造者負責創造，管理者負責反應。前者需要的時間多於後者。若你嚮往「製造」（創作），不妨考慮這個問題：我怎麼把「管理者的日程表」轉變為「製造者的日程表」？

這不容易做到。我們許多人不假思索填滿日程表所有空檔，一如管理者的日程表，時間被切割為小單位，用於完成指定的專案、會議、電話聯繫等等。只要看到留白，就以為是「空檔」，立刻填入更多的項目與邀約。但是心理學教授暨作家丹·艾瑞利指出，一旦這麼做，我們便沒有時間進行深刻而有創意的思考。他說：「你打開日程表，看到一個空檔，感覺這是不對的事。實情是，空檔理應用來做最有意義的事。」[45] 時間表上填入的其他事都該被視為可有可無。所以你面臨的挑戰是：我該如何抗拒想填滿空檔的衝動？

創意教練陶德·亨利說，你必須有知有覺地努力「修剪枝蔓」。[46] 他指出，一如釀酒師必須替葡萄藤剪枝，才能讓較優的果實得到應有的養分，有創意的專業人士也必須砍掉一些活動與

新項目，以免干擾或打斷重要項目的深度工作。他說：「如果我們把生活中所有留白的空檔都填滿了活動，如果我們不懂得修剪枝蔓，不懂得偶爾對某些事說不，我們就沒有時間與空間用於創新或思考。我們不會偶遇靈感，也不會發現蜷伏在某處的洞見。」

替創意與創作安排時間時，必須正視一個問題：什麼時候是我迸發創意的「黃金時段」？當然這又是因人而異。暢銷書《什麼時候是好時候：掌握完美時機的科學祕密》（*When: Scientific Secrets of Perfect Timing*）作者丹尼爾‧品克說，當你想知道一天中自己在哪個時段最有生產力，不妨給自己做個「心流測試」（flow test）。[47] 亦即追蹤自己每天哪幾個時段創造力最佳，然後從中找出模式。品克建議，一旦你確定哪些時間是創造力的黃金時段，試著調整作息，以便善用那些黃金時段。

大家多半把一天的時間一分為二，拆成「晝與夜」，所以問題不外乎：我是雲雀還是貓頭鷹？對於回答「貓頭鷹」的人可能要注意了，你搞不好錯過了對許多藝術家而言最富創造力的黃金時段。一項研究發現，成功的畫家、作家和音樂家中，72% 認為自己在早上的時段創作力最豐富。[48]

這背後可是有強而有力的理由支撐。神經科學研究顯示，稀奇古怪的東西出現在腦部的潛意識狀態——這時意識尚未完全清醒，想法還在不斷地形成與轉變。當你熟睡做夢時，潛意識就會甦醒。所以還有什麼時候比剛睡醒時更能發揮創造力呢？

在 1930 年代，寫作老師杜羅瑟亞‧布蘭德（Dorothea Brande）

便提出一個極具說服力的觀點，力主在早上當你還在「要醒不醒」的狀態時創作。她說「充分利用潛意識狀態提供的豐富寶藏」[49]，你必須在「無意識處於上升階段時」開始創作。布蘭德建議，早上比平常早起個半個鐘頭，「不說話、不看日報」，然後開始寫作。這個建議適用於寫作以外的任何創作。早起，找個安靜的地方，開始思考，醞釀想法，善用布蘭德力薦的「介於未醒與完全清醒之間的模糊區（twilight zone）」。

即便從床上爬起來之前，你都可以最大化這個將醒未醒的寶貴時刻，靠著召喚湯姆・凱利標榜的「貪睡繆斯」（snooze muse）助你一臂之力。早上鬧鐘響時，啟動稍後提醒的貪睡鈕，但用意不是繼續賴床，而是用這十分鐘思考你正在從事的創意項目。

如果你在指定的時間進入龜殼或洞穴，關上門就定位，但腦筋一片空白，那該怎麼辦？實際上，這不是「假設題」，而是實情。進入龜殼後的最初幾分鐘（有時甚至一個小時之久）是最難熬的時刻，非常想一走了之，出關算了。所以這時你要問自己：我該如何對抗這難熬的時刻，堅持不放棄？如果你的龜殼距離住家還算遠，多少會有些幫助。畢竟來回很花時間與力氣（儘管只是幾個街區的距離），而一想到來回奔波，你多半會打消才進去十分鐘就想離開的念頭。

整體而言，上述主張都讓你難以逃出龜殼。將自己反鎖在「牢房」也許不失為一個辦法，但這絕不是硬把你押入大牢，你

不妨反問自己：我怎麼讓自己待得住創作者的牢房？可能需要計時器、門鎖、自願幫你站崗的警衛（只要你妄動就痛加斥責）。

如果毫無產出，硬逼自己留在龜殼（或牢房）可能適得其反。作家伊莉莎白‧吉爾伯特利用廚房定時器為自己設了閉關的時間上限——45 分鐘。她告訴自己：「45 分鐘一到，不管發生什麼，你都自由了。」[50]

她坦言：「知道自己就要離開牢房，焦慮感大降。通常我有 37 分鐘不開心，一直看著時鐘，但是不知怎地，每次快接近尾聲，心想不用再逼自己寫些什麼時，靈感就來了。」

我自己寫作時，會閉關至少 1.5 個小時，但閉關時，中間會給自己「放風」，也許花半個小時到外面走走，然後再返回殼裡。無論如何，當你進入創意「牢房」時，請事先敲定這些細節：我提早出獄的時間？我該不該允許自己短暫外出放風？

當你絞盡腦汁也寫不出東西時，離開龜殼偶爾放風一下反而有幫助。外出散步或開車兜風時意外地靈光乍現，在書房裡搜索枯腸反而毫無收穫。尋找靈感時，思緒需要一些空間天馬行空。賓州大學鑽研創造力的教授史考特‧巴瑞‧考夫曼（Scott Barry Kaufman）說：「如果讓自己的思緒漫遊，相較於聚精會神投入創作，更有機會得到靈感。」[51]

所以當你腸枯思竭，陷入創作困境時，不妨背著龜殼出去散個步吧。除了散步，開車兜風、沖個澡（「洗澡冒出靈感」已是陳腔濫調，可見並非空穴來風）、除草、洗碗等等，都是不錯的

活動。創造力專家金慶希說，修剪花草是許多藝術家的最愛。[52]
還有更多稀奇古怪的地方可刺激靈感：另類搖滾樂團 R.E.M. 主唱麥可．史戴普（Michael Stipe）在迷宮裡東鑽西鑽時，腦裡跳出了旋律[53]〔（包括夯歌〈我漸漸失去信仰〉（Losing My Religion）〕。

這些五花八門的活動有個共同點，都是不用花腦筋、重複性的動作，讓你沒有意識到自己正在思考，反而更容易開竅。根據史考特．亞當斯的看法，你需要的是「脫離軌道放空但不分散注意力」（distractions that don't distract）。[54] 所以，要找出適合自己放空的活動，可問：什麼活動可以讓我有點分心但又不會太分心？

離開自己的殼出外搜尋靈感時，務必要謹慎。在「刺激」靈感（從創意的角度而言）與「分心」之間僅一線之隔。以看電影為例，比較像是分心，因為你全部的注意力都給了其他人的作品，無暇刺激自己的創意思考（在社群媒體上也是如此）。刺激創意的環境提供你靈感的素材，同時又讓你有空間醞釀自己的想法。最佳狀況是，讓別人的想法和你自己的想法產生交集。有些地方有利這類刺激與連結，諸如書店或圖書館。創意廣告大師喬治．路易斯（George Lois）提出萬無一失的建議：參觀博物館。他說：「博物館是珍藏靈感的寶庫。」[55]

儘管偶爾需要提早出關或外出放風，但是留在自己的殼裡還是妙不可言的。誠如作家威廉．德雷西維茲（William Deresiewicz）所言，該是逃離「外界刺耳聲音的時候，以免雜音

讓你聽不到自己的聲音」。[56] 當你覺得自己充飽了電，進入想像、推理、連結與建造的最佳狀態，這時該是「拔掉插頭」的時候。但你也務必做好準備，面對死亡與毀滅的時刻。

我願意殺死蝴蝶嗎？

小說家安・帕契特（Ann Patchett）總是以相同的方式開始一本新作：先是腦海浮現新書的靈感，她稱「這東西之美，難以形容」。她篤信這本書一定會是她最好的一本，甚至是出版界歷來最好的一本曠世巨作。她只須把「想法呈現在紙上，讓每個人看到我看見的美」。直到不容她繼續蹉跎，必須動筆時，「我伸手捏住飛舞的蝴蝶，把牠從我的腦海裡拔出來，按壓在桌上，用我的手，殺死了牠。」[57]

帕契特寫道，她並不想殺死蝴蝶，但誕生一本小說的唯一辦法是，抓住腦海裡振翅的蝴蝶，然後把牠釘在稿紙上。一旦這麼做，「圍繞這活生生蝴蝶打轉的美麗事物（顏色、光線、動作等等），悉數消失。」

帕契特在暢銷書《這是一個幸福婚姻的故事》（*This Is the Story of a Happy Marriage*）裡精采描述寫作初期所受的煎熬，她的經歷應該引起許多過來人的共鳴，一開始都試圖把美麗以及看似完美的想法做到盡善盡美。實際動手創作後，才發現事

與願違，抽象想法與具象化之間存在的落差，在初期階段尤其明顯，因此將想法具象化的努力可能顯得笨手笨腳或用錯了方向。這難免讓人沮喪，也正是這點讓帕契特認為，何以許多人永遠無法將腦海裡的「偉大小說」寫成文字。她寫道：「僅有少數作者能夠心碎地捨生動又美麗的想像力，忍受文字的折磨以及一次次的失望。」

所以一開始具象化某個想法或靈感時，得問自己：我能忍受想像力與現實之間的落差嗎？或者，改寫一下帕契特自己的話：如果我寫（做）不出我夢寐以求的東西，至少能否寫（做）出我能力所及的東西？

帕契特相信，我們都做得到，只要我們願意原諒自己的不足。創作者在初期階段可能覺得受挫或沮喪，想立刻放棄或無限期停工。

也有人可能禁不住誘惑想另起爐灶，換一個想法或靈感——另外一隻蝴蝶、尚無人碰觸、完美無暇。創意諮詢平台 Behance 的創辦人史考特・貝爾斯基（Scott Belsky）在暢銷書《想到就能做到》（*Making Ideas Happen*）寫道，一直換想法讓創意人無法完善某個想法。他說：「想法過剩和想法枯竭一樣危險。習慣從一個想法跳到另一個想法，導致精力水平分散而非垂直深化。」[58]

為免自己不斷從一個想法跳到另一個想法，貝爾斯基說，你必須為每一個想法制定明確的行動方案，強迫自己保持專注力，

繼續採取下一個步驟。創意人天生反骨，抗拒按部就班的組織作業流程，寧願花心思思考下一個靈感或創意，這也是何以有太多想法從來沒有走出空中樓閣，進入「做」的階段。不過貝爾斯基主張，你看重的每一個想法都該被視為一份正職或專案。為了持續推進該專案，你得不斷思考（以及寫下）下一個「行動步驟」。

落實想法需要紀律。有時候你會覺得「被卡住」，難以繼續向前；有時候你就是覺得它很煩。這些都是落實想法時會碰到的瓶頸階段，這時難免會想回到醞釀想法的有趣階段。但是貝爾斯基指出，任何人都能想出點子，問題是：我具備落實想法的必要條件嗎？

開始落實想法時，另一個要考慮的問題是：誰會要我扛責？貝爾斯基建議不妨試著建立人脈作為支援你想法的後盾，協助你走過坎坷與崎嶇。若你被困住，你可以向這些後盾徵詢意見或想法。此外，

如果你遲遲無法開始眼前的創意項目，問自己以下六個問題

- **我在追逐蝴蝶嗎？** 意味你一直動腦找新的靈感與想法，而非繼續推進現有的項目。為了落實想法，你必須選定一隻蝴蝶，然後把牠釘在桌上。

- **誰會要我扛責？** 與他人分享你的想法，並把工作拆成一系列做得到的小單位。

- **我又在重新整理書架嗎？** 這意味「為創作預做準備」，可能包括安排工作空間、上課學習、研究資料等等，這些都很重要，但不可淪為拖延戰術。

- **我該如何降低門檻？** 與其從最高等級開始，不如從尚可、甚至差勁的部分開始。

- **如果我從任何一個地方開始呢？** 如果你想不出起點應該從哪裡開始，不妨從中間、結尾或中間某個地方開始。

- **我可以做出雛形嗎？** 想辦法完成想法的初步雛形（輪廓、概略草圖、拼貼、測試版網站等等）。

若其他人對你的項目感興趣或是牽涉到利害關係，當你面臨瓶頸或障礙，他們可能會鼓勵（或施壓）你繼續前進。主持「全國小說寫作月」（National Novel Writing Month，簡稱 NaNoWriMo）的作家克里斯・巴提（Chris Baty）說：「一個人單打獨鬥的項目很容易被放棄。」[59]

努力完成創意寫作，之前的準備的確重要，例如找到寫作空間、彙整初步的研究文獻等等，但準備工夫很可能淪為拖延戰術。加拿大設計師布魯斯・毛（Bruce Mau）分享了一位作家朋友的故事，稱這位朋友將著手寫本巨著。[60] 但他「總是在準備踏出第一步，老是在整理書架以及布置他的辦公室」，他希望開始動筆時，每一樣東西都在他規定的位置。唯一的問題是：他一拖再拖，一直沒有開始。

若你發現自己花很長時間預做準備，諸如參加速成課程、飽覽相關的所有書籍與文章、累積檔案等等，這時務必問自己：我又在重新整理書架嗎？這問題的目的是逼你承認自己已準備過頭了，無非是想藉此一延再延，不敢面對空白的紙頁、畫布和電腦螢幕。

這真是兩難，因為你一定得在開始創作前做些暖身與研究，但是在網路時代，研究可是會沒完沒了，看不到盡頭，永遠有更多東西等著你調查與探索。《讓「少」變成「巧」》（*Stretch*）作者史考特・索南辛（Scott Sonenshein）說，如果養成問這問題的習慣：「我能用現有的東西做什麼？」有助於「讓自己擺脫動

彈不得的陷阱，不會老等著得到更多之後才敢放手做」。[61]

　　與其在創作前先把研究做到滴水不漏的程度，寧願直接動手做，即便你只掌握了有限知識也沒關係，畢竟愈早開始愈好。問自己：我該跨出怎樣的一小步，以便讓想法可以具體成形？就設計的術語，這叫做出原型或雛形（prototyping），形式有很多種，諸如畫出粗略的草圖、大概的輪廓、寫出一頁的摘要、倉促完成的網頁等等，這些都可作為起點。

如果讓自己不受地點限制隨時開始呢？

　　設計師毛說，他常聽到年輕人試圖踏出創作的第一步時，哀嘆：「我不知從哪裡開始。」毛通常會引述美國前衛作曲家約翰·凱吉的話回應他們：「隨便任何一個地點都能開始。」[62] 凱吉的建議適用於所有創作者。不要為了尋找完美的起點（如精采的開場白、激盪人心的音樂序曲）而裹足不前。不管你現在有什麼，直接開始吧，即便想法不夠完整、雛形支離破碎或有瑕疵、故事掐頭去尾殘缺不全。問自己：如果讓自己不受地點限制隨時開始呢？

　　作家多半因為一句話、一句名人金句，或腦裡突然浮現某個畫面而開始動筆寫作。我最喜歡的例子是編而優則寫的作家威廉·麥克佛森（William McPherson），他的處女作靈感來自於

有天走路上班時腦海浮現的一幅景象——練習高爾夫揮桿的女子。他說：「這影像歷歷在目、栩栩如生，在我腦中盤旋揮之不去。」[63] 所以他用文字描述了這景象，並以此為起點，在 1984 年出版了備受好評的初試啼聲之作《測試潮流》（*Testing the Current*）。

一如麥克佛森的經歷，若你能捕捉某個想法的片段，不妨把它寫下來，或是勾勒出草圖，總之用你的方式讓它有個形，然後在形上添加骨血。不管是從中間開始，還是從結尾開始，都是個開始。

若說創作的起點**不限地點**，起步**爛**也無妨，至少有了開始。第一步是讓想法有個形狀，無須做到盡善盡美，畢竟動手之後，一開始的想法會被一修再修，甚至最後乾脆棄而不用，束之高閣。IDEO 合夥人湯姆·凱利建議不妨一開始問自己：如果我降低門檻會怎樣？允許自己從粗糙、有缺陷，甚至差勁的想法開始。

凱利援引了獨立電影《客製化女神》（*Ruby Sparks*）中他最愛的一幕，有人勸患有創作障礙的作家，別管好壞，先寫了再說。該作家問道：「結果會難看嗎？」獲悉的確會之後，他動筆把亂七八糟的想法全寫了下來，不過很快就開始修改寫過的東西，讓它成為佳作。

神經科學專家羅伯特·波頓（Robert Burton）說，這在現實生活裡經常上演。他解釋道，若你腦子轉變成「關閉編輯」的模

式 [64]，「只要你願意寫，不管內容好壞，靈感與創意就會浮現。」

我該如何「擺脫卡關」？

創作的初期（以及後期階段），要擺脫卡關狀態，最佳辦法之一是藉由問問題找到不同的視角與觀點。亞當・葛蘭特表示，他寫書或做研究都用這招。

葛蘭特說，「通常我會問自己：『誰會以不同的角度看待這個問題？』然後我想到一群人，我很欣賞他們的創意與獨到見解，所以會透過他們的視角分析我手邊的項目。」

葛蘭特做這練習時，會想哪些人和眼前的問題有特殊連結，並透過這些人的視角看這問題。但他也說，會試著找出「我敬佩且大家公認的創意思想家」怎麼想。「有些研究計畫我打一開始就會問：在類似的情況下，林肯會怎麼想？」

葛蘭特也試圖從不同的時間軸去觀察問題。他說，「另一個我會問的問題是：如果我是在 10 年或 20 年前經手這個問題，我會用什麼不同的方式？然後我會在腦中穿越時空，將時間往未來快轉，問自己：想像未來 10 年或 20 年後的我，會用什麼不一樣的角度看這問題？回到過去的時間軸，有助於我擺脫正在做的假設。我喜歡先回到『過去』，然後再快轉到『未來』。」

另一種刺激創意的敲門磚是在項目的一開始嘗試思考

「大錯特錯的想法」。創意工作坊的負責人湯姆‧莫納翰（Tom Monahan）使用名為「180度逆向思考法」（180-degree thinking），做法是「一開始想一些出了差池的事，然後想想自己有無辦法撥亂反正」。[65] 在這練習裡，你可以自問：如果我造的汽車動不了怎麼辦？或是設計的烤箱無法烤東西怎麼辦？

這種逆向思考力強迫你跳脫解決問題以及創意性思維的固定模式。此外，180度反向思考有利於刺激原本不會浮現的靈感與見解。透過一開始就故意犯錯，可能會想出更有趣的想法，因而得到更「正確」的想法。

創作作品時，起點並非唯一讓你覺得「卡關」的點，中途可能更加險峻，一不小心，初期的熱情可能退燒，偏偏終點還遙遙無期。

亞當‧葛蘭特描述創意過程裡的五個階段，創意人在每個階段會經歷不同的情緒反應。[66] 第一階段充滿活力、樂觀向上（太讚了）；第二階段較貼近現實（問題棘手啊）；第三是讓人害怕的階段（這什麼爛東西）；緊接著第四階段（我很爛）。若創意人能想辦法爬出這個坑，就能挺進到第五階段（這個也許OK），最後進入大功告成的第六階段（太讚了）。

若想克服危險的第三與第四階段，葛蘭特建議大家捫心自問，讓問題引領自己理性檢視證據以及過去的經驗，讓證據說話，挑戰被誇大的負面情緒。「我問自己的第一個問題是：我之前解決過這樣的問題嗎？」除非你是新手，否則你應該找得到你

之前做過的證據，有了證據，顯示再做一次難不倒你。

葛蘭特接著說：「另一個我要問的問題是：其他和我一樣有能力、有動機的人，能夠完成和這個差了十萬八千里的事嗎？我認識很多出書的作者。想到這些你認識的每一個人，他們也在努力想辦法因應難度或規模差不多的挑戰，如果他們辦得到，我應該也能勝任這事才是。」

若你能想辦法撐過艱辛的中期階段，那麼愈接近項目的尾聲時，自信與熱情也會跟著回籠。大功告成（加上最後的修飾）的確讓人心滿意足，甚至開心地不想結束。此外，你可能也不願讓完成的作品走出龜殼，到外面的世界公開亮相。

我準備「公開」了嗎？

過去幾年我報導了廣告業的動態，對象包括一些以創意打出名號的廣告公司，也採訪了一些廣告平淡無奇、沒什麼亮眼作品的業者。我發現，在缺乏創意的公司裡，員工傾向滴水不露地保護自己的想法，鎖在抽屜非到必要絕不讓其曝光，擔心隔壁的同事可能趁其不備複製他們的創意，連帶把光環與功勞竊為己有。

但是在更具創意的廣告公司裡，如知名的李岱艾廣告公司（TBWA\Chiat\Day），將點子潦草地寫在紙上後立刻張貼在牆上。曾是該公司元老級的創意總監李‧克勞（Lee Clow）認為，

一個不錯的想法應該禁得起檢視 [67]，而創意的主人可以受益於其他人的意見與評語。若有人竊取別人的想法怎麼辦？克勞解釋道，想法一旦貼在牆上，大家都知道是誰貼的，所以沒有偷竊的問題。再者，公司裡沒有人想偷別人的想法，因為他們樂得自己動腦想。

身為創意人，不管你在哪個領域或哪個科系，我認為李岱艾廣告公司的模式是更好師法的榜樣，至少就已完成或完成部分的創意作品而言。把點子從抽屜中拿出來，貼在牆上，公開讓其他人檢閱。採取標準的防範措施（如果申請版權合情合理又相對容易，為什麼不做？）不過別因為擔心被他人竊取（或批評），而遲遲不公開。

行銷大師暨暢銷書作家賽斯‧高汀（Seth Godin）常用的一個字是「出貨」（ship）。[68] 誠如高汀所見，太多人不願或無法和他人分享計畫、夢想、創作等等。他們推三阻四不願讓想法曝光，不好奇曝光後會發生什麼。總之他們害怕讓想法亮相。

這樣的恐懼情有可原。高汀在經營已久的「賽斯部落格」（Seth's Blog）寫道：「出貨充滿風險和危機。每次你舉手、寄出電子郵件、發表新產品、提出建議等等，都會讓自己暴露於各式各樣的抨擊中。」高汀接著說，如果出貨，「你可能會失敗。如果你出貨，可能被訕笑。」但這是你身為創意人必須承擔的風險。他說：「真正的藝術家必須出貨。」

愈成功的藝術家，出貨率愈高。在今天競爭白熱化的市場，

你亮相的想法與創意作品愈多，脫穎而出的機率愈大。創意研究專家迪恩‧基斯‧席蒙頓（Dean Keith Simonton）研究成功的創意人士後發現，「創意純粹是行動後衍生的結果。[69] 若創作者希望提高成功率，他必須也要不怕提高摃龜率，所謂雙率並行……最成功的創意人往往失敗率也是數一數二的高。」

為了提高出貨的量，你必須提早出貨。Facebook 創辦人馬克‧祖克柏（Mark Zuckerberg）說：「我們公司牆上寫著『完成比完美更重要』[70]，提醒大家持續出貨。」祖克柏強調「駭客之道」（Hacker Way），涵蓋「出貨要快、學習要快、不斷地改進，一次一小步而非一次到位。」

對科技公司而言，這並非全新的概念。蓋伊‧川崎（Guy Kawasaki）在 1984 年蘋果麥金塔電腦問世後，負責麥金塔的市場行銷。他透露，蘋果當時大可以延後麥金塔的上市，直到確保麥金塔毫無瑕疵後才讓它亮相，「但是你若等到天時地利人和……你便會錯失市場。」[71] 所以蘋果並未等待。川崎說：「革命意味你先出貨然後再修正。很多東西造就了 1984 年問世的第一代麥金塔——不過是個破東西，卻是一件革命性的破東西。」

我想搞定還是想改進？

接受失敗固然重要，接受別人的意見回饋同樣重要。道格

拉斯‧史東（Douglas Stone）與席拉‧西恩（Sheila Heen）合著暢銷書《感謝意見回饋》（*Thanks for the Feedback*），也都在「哈佛談判專案中心」（Harvard Negotiation Project）任職。兩人指出，我們多數人內建了對抗意見回饋的機制，我們強烈需要「感覺自己被接受、被尊重、有安全感。[72]就照我們**現在**的樣子，不接受改變」。所以我們當然應付得來正面的意見回

> ### 利用以下問題得到對方誠實而實用的意見回饋
>
> - **我表達得夠清楚嗎？** 意見回饋並非要改變你的基本想法，而是讓你了解自己的想法是否被清楚地表達以及被理解。
> - **你最不喜歡這部分的哪一點？** 你需要些勇氣才敢提出這問題，但它之所以重要，因為你授權對方誠實地指教你，同時也幫助你聚焦，看出最大問題所在。
> - **還有呢？** 又名 AWE 問題（第三部會詳述）。這問題旨在取得更多指教與深入的見解。
> - **你建議我可試什麼辦法？** 好的意見回饋往往點出你哪裡錯了或漏了什麼，但可能無法提供解決方案。利用提問，讓對方不僅提供意見回饋，也提供你解答。

饋，喜歡聽對方說我們表現不錯，一切就照原來的樣子，但是碰上批判性回饋，則是另一回事。

但是誠如葛蘭特所言，「改善的唯一辦法是接受負評——所以如果你決定遠離抨擊，等於是甘於停留在現狀，對我而言，這頗讓人失望。」

葛蘭特表示，從事創意的人往往過於專注在完成作品，擔心負評可能迫使他們不得不回到原點。不過這也代表，他們把焦點擺在不對的問題上。葛蘭特說：「關鍵問題不在於『我該如何搞

定這個項目？』而是『我該如何讓這項目變得更好？』」若要做到後者，意見回饋至關重要。

　　葛蘭特為了說服學生敞開心胸接受意見回饋，有時會問他們：你的目標是維持目前的技術水平，抑或想要更上一層樓？他說，問題改了包裝後，幾乎每個人都選擇更上一層樓——以及接受他人的指教。

　　有個辦法可讓自己強壯到不怕負評回饋。不妨把批評視為禮物，事實上誠如湯姆‧凱利點出，負評的確是禮物，稱對方也是花了時間與精力才給你負評，目的是希望你端出最好的作品。若評語是出於真心，出於你信賴的人，那麼你不妨問自己：為什麼我就是不願接受這個禮物？（凱利指出，對於意見反饋，你沒有義務全盤同意或言聽計從，僅須懷著感激與開放的心態。）

　　欲找到可當頭棒喝的伯樂（這些人永遠在你左右，你也敬重他們的意見），不妨問自己：誰是我信賴的諮詢對象？凱利說，當你想到一些人選時，「組個你專屬的諮詢委員會」。愈早把作品交給「諮詢委員會」愈好；他們愈早給你回饋，愈能減少你浪費不必要的時間，徒勞地潤飾與微調需要重做的作品。

　　徵詢別人的意見時，態度要誠實。作家卡維姆‧達維斯說：「若你知道自己會排斥或不屑別人的意見回饋，那就只求積極正面的回饋。」[73] 你想要的可能只是對方給予「鼓勵與打氣，如果是如此，那就誠實說出來，讓對方知道」。

　　反之，若你誠心希望得到正中要害的指教（這是最有價值的

反饋），那就不要拐彎抹角直接提出這要求。老牌單口相聲喜劇演員麥克‧柏比葛利亞（Mike Birbiglia），曾執導電影《人生哪有那麼幸運》（*Don't Think Twice*），稱自己向他人請益，希望對方給自己的電影一些意見時，「我會先請朋友大啖披薩，然後問他們非常棘手的問題，諸如：你最不喜歡我這劇本哪個部分？」[74]

柏比葛利亞接著說：「如果你知道自己要什麼，也清楚將這訊息傳遞給對方，那麼苛刻的反饋、建設性的反饋，甚至稀奇古怪的隨機反饋，都是有益的反饋。」

你如何分辨得清何時該聽別人的意見——何時該聽自己的聲音？[75] 童書作家蘿拉‧史奈德（Laurel Snyder）說，有一次一位年輕女孩問她這個問題，史奈德被這問題「完全問倒」，不知如何回答。這問題沒有簡單的答案，但是若對方建議你大改作品時，你不妨問自己：這個反饋建議我改變視角抑或只是修正做法？對前者要謹慎保留，後者則可欣然接受。

關於這一點，柏比葛利亞分享了從導演朗‧霍華（Ron Howard）學到的心得：當霍華與觀眾一起觀看粗剪的毛片時，「他的目的不是要觀眾告訴他，這部電影的視角應該如何如何，而是想了解他的視角是否被清楚地呈現。若否，他會做些修正。」[76] 換言之，霍華清楚自己要說什麼，但他不排斥觀眾對於他表達得夠不夠清楚這部分給予意見回饋。有關意見反饋，最要問的是：我表達得夠清楚嗎？而不是：我的想法不錯嗎？（關於後者，請相信自己的直覺。）

意見回饋並非硬性規定。根據皮克斯（Pixar）執行長艾德·凱穆爾（Ed Catmull）的說法，「好的注釋上面寫著，哪裡錯了、缺了什麼、什麼不合理。」[77] 重點在於點出問題而非給解答。但你若持開放心態，希望對方就如何解決問題以及做些改變提出意見，不妨問：我很想知道如何改善 X 或 Y——你建議我該怎麼做？回到之前凱利的看法，反正你無須照單全收反饋的意見，所以從可信賴的人身上獲得的建議愈多，對你是百利而少害。

鑽研回饋意見的專家史東與西恩主張，對於意見回饋應該抱著「自信與好奇」的態度。他們也建議，一旦收到對方給的意見回饋，應該評估甚至給自己的反應打分數，不妨問自己：我對回饋意見的接受程度有多高？

如何「繼續前進」？

發現了一個值得探索的問題後，退回到不受打擾的空間，想辦法踏出第一步，熬過創意中期遇到的「卡關狀態」，對意見回饋做出反應，最後讓你完成的作品「亮相」，至於作品接下來會發生什麼，可能不是你能掌控。不管結果如何，其實無關緊要——接下來又一個問題等著被你發現，從頭再來一次上述的創意週期。

你持續創作新的作品之際，新的挑戰也會持續浮現：如何保

持靈感源源不斷，如何確保作品讓人耳目一新？長期從事創意的過來人表示，保持靈感源源不斷最好的辦法是，創新再創新。

在 1990 年代中期，當時還年輕的脫口秀喜劇演員喬恩‧史都華（Jon Stewart）訪問了年事已高的單口喜劇演員喬治‧卡林（George Carlin）[78]，問是什麼激勵他持續創作膾炙人口的作品，也不斷翻新表演的方式。換言之，為什麼不靠既有的名氣與現成的喜劇套路繼續在演藝圈闖蕩？卡林解釋說：「藝人有義務**持續前進**，前往某個地點。這是一段旅程，你不知道會去到哪裡，但就是這樣才有趣。因此你一直在觀察、尋找、挑戰自我，讓自己日日新又日新。」

大家熟悉的卡林習慣扔掉手邊現有素材，一切從零開始。他從未停止尋找新主題，嘗試新的表演方式。他的女兒凱莉‧卡林（Kelly Carlin）說，她父親 50、60 多歲了還沒有與社會脫節、保持名氣不墜，主要是他願意不斷地「重新歸零開始」。[79] 她說：「很多人沉迷過去的成就，害怕放下，但父親相信，那些一開始締造今天的他，也會繼續成就明天的他。」

研究顯示，遠離現狀以及已知，對你的創造力才是好事。實際上，我們待在一個地方愈久，儘管愈能專精於該領域，但愈不利我們的創造力。《創意的迷思》作者大衛‧博柯斯說：「專業技能提升，創意的產出卻出現下滑趨勢。」[80] 博柯斯說，並非專家提不出新想法或創意，而是因為拜經驗之賜，他們往往「更擅於找出新想法為何失靈的背後諸多原因」。總歸一句話：若要維

持創造力，必須把自己當成白紙與新人，持續地發現與探索。

有創意的人在路上「繼續前進」，接觸更多元的想法以及散見於各行各業的影響力，這有助於提供更豐富的資源與素材，讓你進行思想上的連結以及「有智慧的重組」，進而激發創意與新想法。

你要如何不斷地遠離已知？最簡單的辦法是被自己的好奇心牽引。作家伊莉莎白・吉爾伯特在一次受訪時讚揚「被好奇心駕馭的生活」[81]，詳述其好處，並提出精采的類比，將人比喻為電鑽與蜂鳥兩大類別。電鑽型專注於一件事，愈鑽愈深。蜂鳥型則充滿好奇心，「從一棵樹飛到另一棵樹，從一朵花飛到另一朵花……這個試試，那個試試。」

所以：有創意的人應該更像蜂鳥還是電鑽？這可能要取決於你目前的工作進入到哪個階段。好奇心是激發創意靈感的利器，不斷刺激你孕育新的想法。但是好奇心也可能**不利**你搞定工作。如果好奇心不夠聚焦〔或是套用研究術語「分散」（diversive）〕[82]，會讓你不停地從這棵樹跳到另一棵樹，從一個想法跳到另一個想法，從一個主題跳到另一個主題，導致你在任何一個領域都無法深耕，因為你一看到其他東西就會分心。反觀有焦點的〔或稱知識型的（epistemic）〕好奇心，可激發你想進一步了解的動力，進而深入鑽研這個讓你醉心的對象。

為了保持作品推陳出新，電鑽式的好奇心必須能維持一段時間，讓自己專心鑽研一個項目直到完成為止，然後偶爾放飛蜂鳥

式的好奇心，帶著你探索各種新鮮又奇異的事物。關鍵在於你要知道何時從一個模式轉換到另一個模式。在創作的生涯，可能需要定期地問自己：現在是時候當個電鑽了嗎？還是該當隻蜂鳥？

放下成功的事業並不容易，甚至讓人畏懼。知名愛爾蘭搖滾樂團 U2 的主唱波諾（Bono）表示，U2 在 1990 年努力改變音樂風格，他描述自己當時的心情，稱：「首先你必須拒絕樂團之前的表演風格，然後才能換上另一種風格。在中間的空窗期，你什麼也沒有，只能冒險一試。」[83]

不過有些創作者似乎不怕「空窗期」，因為就算空窗期有些長，這些創作者成功地維持自己的話題性，並持續與外界保持密切互動。美國創作歌手巴布·狄倫（Bob Dylan）可能是破舊立新的佼佼者，讓自己每隔一段時間就有耳目一新的作品。他推陳出新、「繼續前進」了半個世紀。為他寫傳記的作家喬恩·佛里曼（Jon

利用以下這些問題，以免作品一成不變

- **我該如何不斷地遠離已知？**為了避免自己好逸惡勞，成為「舒服過日子的專家」，跟隨自己的好奇心。

- **是時候當個電鑽了嗎？還是該當隻蜂鳥？**蜂鳥不斷地換地點，電鑽固定在一個點持續往下挖。

- **我願意放棄什麼？**為了保持作品的新鮮感，必須放棄一些東西：可靠的材質、通過驗證的辦法、熟悉的地盤等等。

- **我可以怎樣「從不插電到插電」？**一如巴比·狄倫 1965 年在新港民謠音樂節改用電吉他伴奏，有創意的人應該承認，時代一直在變，唯有擁抱新的風格、品味、形式、技術才是王道。

- **我的培養皿在哪裡？**測試作品時，你可能需要找個安全的地方進行實驗。

Friedman）指出，他的作品從早期「批判現狀」的民謠、發展到自省與反思、一路轉型至搖滾樂。接著，他征服了鄉村樂，然後又回歸搖滾樂，甚至跨足福音音樂。儘管繞道走了不少彎路，最後唱出成為重生基督徒的心聲。

佛里曼指出：「為了吸引新一代樂迷，他不斷翻新演唱風格。」[84] 巴布・狄倫還破天荒展開「永不停止巡演」（Never Ending Tour），一年全球登臺 100 次，「甚至將舞臺設在小聯盟的棒球場上」，完全不同於一般歌星，每年或每兩年巡迴演唱一次。2007 年執導《搖滾啟示錄》（*I'm Not There*）的陶德・海恩斯（Todd Haynes）說：「正要抓拍狄倫的那一刻，他已經不在原地了。」[85]

也許最難忘的轉型發生在 1965 年初，當時狄倫在新港民謠音樂節（Newport Folk Festival）用了一把接了擴音器的電吉他，結果遭到觀眾噓聲，希望他保持原狀，以不插電方式演唱之前的成名曲。狄倫求變的做法在當時看似一招險棋，但也讓狄倫成功轉型，走出式微的民謠曲風，搭上新竄起的搖滾列車。

每隔一段時間，我們應該問：我可以怎樣「從不插電到插電」？用這方式考慮是否該是時候接受新的潮流、新格式、新技術等等。已故小說家娥蘇拉・勒瑰恩（Ursula K. Le Guin）就是這麼做，在 81 歲高齡時，開始自己的部落格[86]，讓她有機會拓展讀者群，嘗試使用新媒體，並保持與時俱進。

部落格也提供娥蘇拉・勒瑰恩一個平台，讓她嘗試不一樣的

寫作方式，因為有些寫作方式可在部落格進行實驗，移到紙本卻行不通。所以思索如何「繼續前進」時，要牢記這最後一點。為了確保作品能不斷推陳出新、與時俱進，你可能需要一個可以嘗試新辦法以及可做實驗的場所。問自己：我的培養皿在哪裡？[87]

這問題是企業顧問提姆・奧格菲（Tim Ogilvie）的最愛。他主張企業應該指定區域，讓員工在這些區域裡可以遠離壓力與職場政治，放手探索激進的新想法與做法（公司的培養皿也許可換個說法，稱為內部創新實驗室）。但奧格菲的問題也適用於所有單打獨鬥的創作人士，他們需要一個低風險的項目或平台（抑或觀眾不多的小劇場），放手實驗新事物。

進行實驗時，若有實驗夥伴，可能會如虎添翼。凱利兄弟檔指出，有一群人當後盾，可以幫助你勇敢探索新的可能性，並提供你意見回饋。兩人建議「帶頭建立創意信心小組，每個月聚會一次」。

召集大家開會時，可善用本章圍繞創意打轉的問題。多數問題設計的本意是拿來自問，但是創意人聚會時互相提問，也能有不錯的效果。再者，一組人開會時，可把這些問題納入考慮，彼此討論交換意見。

若你認識的人不夠多，無法組成創意信心小組，你可能需要想辦法和其他志同道合的人搭上線。下一部將探討如何利用提問拓展自己的圈子、建立人脈以及深化人際關係。

第三部

透過提問
與他人
建立關係

為什麼要和他人建立關係？

50 年前，加州大學柏克萊分校（University of California, Berkeley）心理學系學生亞瑟‧艾倫（Arthur Aron）與伊蓮‧史伯丁（Elaine Spaulding）[1] 在大庭廣眾前相吻，隨即陷入熱戀。這段插曲不僅讓兩人愛上彼此（從男女朋友進而步入禮堂），也讓兩人對愛情之謎產生強烈興趣。當時，艾倫正在苦思研究的主題，心想：何不研究浪漫的愛情？有了同仁協助（包括史伯丁在內），他開始研究之旅，希望能回答以下這個問題：在實驗室裡，我們可以怎麼找到與陌生人立刻建立親密關係的方法？

他把兩兩一組的陌生人帶到實驗室，希望能讓他們互相喜歡（甚至愛上彼此）。艾倫逐漸發現，有股強大的力量似乎能夠產生期望的效果：並非什麼愛情神藥，而是精心設計、帶有謀略的一系列問題。艾倫把問題發給每一對參與實驗的陌生人，每一組拿到的問題都一樣，兩人照著拿到的問題，彼此輪流提問並回應。

有些問題較其他來得更有效。艾倫透過錯中學、錯中改，最後決定哪些問題更能協助兩個陌生人打開心房，吐露個人較私密的資訊，並開始欣賞對方。最後他去蕪存菁，找出 36 個必須依序提問的問題。名單上首先出現的是比較表面的問題（例如：你想邀哪個人當你晚宴上的理想嘉賓？）問題愈到後面愈私密，觸及更深入的個人感受，諸如希望、後悔、夢想、核心價值等等。

艾倫發現，試著和陌生人建立關係時，「你並不希望一開始說太多，也不希望太快……最有效的辦法是有來有往，循序漸進地坦露自己。」

當大家用這種方式互相提問，結果讓人驚訝，就連艾倫也感到不可思議。一對對的陌生人完成實驗後，都對彼此產生極大的好感。有一對陌生人後來結了婚。艾倫的研究以及他列出的 36 個問題逐漸在科學界打開知名度。

艾倫的 36 個問題在 2015 年初爆紅。《紐約時報》專欄作家曼迪・萊恩・卡特隆（Mandy Len Catron）撰寫了一篇報導推波助瀾，標題是〈這樣相愛更容易〉（To Fall in Love with Anyone, Do This）。[2] 文中卡特隆敘述自己如何用這 36 個問題和一位不太熟的大學男同學複製了艾倫的實驗，結果讓她大吃一驚。「因為隨著問題愈問愈深入，個人內在脆弱的一面也慢慢外現。等到我發現已經越過紅線進入私密領域時，我們已經回不去了。」她和這位大學同學的確墜入了愛河，至今仍在一起。

艾倫繼續深耕這 36 個問題，並根據不同的環境與條件加以微調或改寫，希望能應用在各式各樣的情況與關係，協助大家拉近與他人之間的距離。例如：這些問題是否有助於重新點燃老夫老妻之間的熱情？是的，可以（針對這情況，艾倫發現最好兩對夫婦一起參加，四人輪流提問與回應）。若兩個人沒什麼共同點，甚至有時還互帶敵意，這些問題能否改善他們的關係？針對這點，艾倫找來警察與警察管區裡的住戶，兩人一組，輪流提問與

回應。另外，他也找來不同種族背景的人，兩兩一組進行實驗。

實驗發現，多數人都能和同組的另一人建立更牢靠的連結，諸如對彼此更有溫度、更尊重對方等等。但是艾倫發現，成效還不僅於此：如果他能讓兩個不同背景的陌生人對彼此多些好感，這樣的好感會從個人擴及到整個群體。例如和警察一起接受 36 問實驗的那個人，事後傾向於更尊重**所有**警察。同理，不同種族背景的人，互相問完問題後，也會對對方所屬的種族更有好感。

說到建立更牢固的人際關係時，為什麼有些問題如此給力？艾倫說，問題只要問得巧，加上問的方式正確，提問可以達到幾個關鍵成效。「首先，只是透過問問題，你就在告訴對方，你關心他。其次，問問題能鼓勵對方打開心房，透露自己內在的東西，讓你有機會回應他們透露的訊息與需求。」

＊＊＊

問問題表示你有興趣、想了解對方、想與對方建立和諧關係，這是建立與維持關係的三大支撐力。難怪從事的職業若必須迅速獲得對方信賴——例如治療師、教練、人質談判專家等等，得仰賴問題作為主要的溝通工具。這些專業人士受過培訓，知道要問什麼問題（通常開放性的問題較能收到更完整的答覆），以及怎麼問才對。

羅賓‧德瑞克（Robin Dreeke）曾在聯邦調查局擔任反情報

部門的行為分析專家，因為職務關係，必須迅速與特工以及潛在消息人士建立融洽關係，取得他們的信任。[3] 他的工作不外乎問對方問題時必須精準，才能讓對方卸下心防、答應合作、透露機密資訊。他說，問問題時，遣詞用字固然重要，但態度同樣重要。我真的打心底對對方感興趣嗎？我能放下自我，暫停判官的心態嗎？我真的想認真傾聽而非只是做做樣子嗎？「若你無法做到上述這些事，將影響你用問題建立融洽關係的成效。」

　　所幸德瑞克以及其他「專業提問者」使用的提問方式，都不是那麼講究技術。所有人都可以精通，只要能時時留意自己問了什麼以及如何提問。在這一部，我們會討論多種通用的技巧與方法，但也會聚焦在你可問別人及自己的**具體**問題，這些問題可用來改善你和舊雨新知的關係。

　　我們多數人自小就用問問題和周遭人建立關係。老實說，小時候有些能力搞不好還優於現已是成人的我們，而問問題的功力就是其中一例。稚齡兒童漸漸了解，問問題是和周圍人士來往以及獲取資訊的手段。[4] 提問是溝通的潤滑劑，給對方一個方向，知道該怎麼回應（他們啥也不用做，只要回答問題即可）。小孩似乎出於直覺與本能，知道問問題不僅是獲取資訊的工具，也是破冰的利器。

　　長大後，與人社交互動時，提問次數愈來愈少。就算問了，方式也不對。常見的幾個錯誤提問方式：出於習慣地問些制式、無趣的問題（你好嗎）；表面上雖是問問題，實則帶有批判（你

到底在想什麼）；會用問題表達自己的意見或向對方說教（你為什麼不這樣做）。這類問題只能填補尷尬的冷場或讓人得以「一吐為快」而已，對於建立關係貢獻甚少。這些問題無法讓對方感受到溫度，也無助於彼此理解和建立融洽的關係。

要想精進問問題的功力，以便和周遭人士建立更深厚的關係，我們得做一些事：大膽提出基於好奇心的「實在」問題（authentic questions）；設法停止判官的心態，也不要給建議，把更多注意力放在探究；願意小小冒險提出開放式、「更深入」的問題（即使對方是我們不太熟悉的人）；仔細傾聽並反問以便循序漸進再深究一些。

*　*　*

這時候討論與他人「連結」似乎有些令人玩味，畢竟現在社會上領英（LinkedIn）、Facebook 等社群媒體當道，讓「連結」有了全新的含義。「連結」現在可能指的是，素未謀面或是彼此不熟悉的兩個人透過社群媒體鬆散地聯繫，從邀請對方在社群媒體上建立連結、「成為好友」或是加入跟隨行列開始的。大家收到邀請函，反射性地點擊「接受」或「忽略」，在 Tinder 平台上，則是向左或向右滑動。這種拜科技之賜而出現的新型連結確實有它的優勢——歷來從來沒有一個人可如此輕鬆地用驚人數字證明自己的「高人氣」。

但是研究顯示，如果我們真心希望得到快樂，必須多些人與人直接接觸的老派做法，尤其兩人若希望達到所謂「生命共同體」（companionship）的親密程度。[5] 諸多研究〔包括劃時代的「格蘭特研究」（Grant Study）在內〕[6]，花了數十年追蹤記錄一群哈佛大學男士，分析他們的快樂指數，結果發現關係的溫度與上了年紀後整體的健康以及快樂指數息息相關〔作家愛德華·摩根·福斯特（E. M. Forster）那句名言：「只有連結才重要！」似乎說得一點也沒錯〕。[7]

　　有伴的受訪者不僅更快樂更健康，也對人生的「意義」有更大感觸[8]，這話出自作家艾蜜莉·艾斯法哈尼·史密斯（Emily Esfahani Smith）的著作《意義：邁向美好而深刻的人生》（*The Power of Meaning*）。一個人若和親友的關係夠親密，人生也更快樂幸福。不僅如此，這話也適用於職場。對許多人而言（尤其是千禧世代），職場上能否交得到朋友攸關他們工作的快樂指數[9]，甚至覺得朋友比薪資還重要。

　　說到朋友，大家最好寧缺勿濫。能有幾個關係深厚的「閨密」，遠比 Facebook 上累積 500 多個「朋友」還值得。至少若想活出艾斯法哈尼·史密斯提及的那種豐富又精采的人生，朋友應該不在多而在精。但是面對面的「連結」比網路連結更困難。與陌生人見面，難免不自在，覺得說話的時機、用字、語氣都要得宜，因此倍感壓力。我們需要一個可以打破僵局、有社交潤滑劑功能、創造共情等多功能的應用軟體。

問問題可以滿足這樣的需求，其實我們許多人都會用提問建立關係，包括和初識的人也不例外。但是在初次打招呼或再次寒暄的關鍵時刻，我們習於依賴通用而膚淺的問題，諸如：你好嗎？最近過得怎麼樣？有啥新進展？這些制式問題缺乏內容，讓人感覺不到你打心底感興趣、對對方有好奇心、雖不解但想知道等等，問題包含這些元素才可能得到較有意義的答覆。制式問題往往得到的是制式答案，然後被對方重複反問。（A：「你好嗎？」B：「還不錯，你好嗎？」）這類問題並未提供好的開始，反而成了對話的殺手。

問題比「你好嗎？」更深入會怎樣？

　　克里斯·柯林（Chris Colin）與羅伯·貝迪克（Rob Baedeker）想知道為什麼我們老是問「你好嗎？」這類無聊的問題[10]，於是柯林執筆，貝迪克畫漫畫，兩人在 2014 年合作出版了《聊些什麼？》（*What to Talk About*）[11]，該書分析哪些問題有助於延續對話，讓參與對話的人更投入，不會只是表面的寒暄而已。他們發現，有質感的對話需要規劃。柯林說：「與另一個人交談時，我們發現自己腦筋多少會一片空白。」若這時你有合適的問題做後盾，幫助不小。他說：「有個不錯的辦法可以拉高閒聊的層次，就是提出開放式問題，鼓勵對方聊聊故事，而非只用一個字回應

打發。」他接著說：「好奇心是成功與人交談的利器，又以抱著想知道對方故事的好奇心最能敲開對話之門。」

為了讓對方娓娓道出故事，柯林與貝迪克想出了一些具體的問題（今晚的派對你是怎麼來的？）但有些問題則較廣泛（你對什麼最有熱情？你希望能解決什麼問題？）這些問題都優於制式的「你做什麼」，因為「你做什麼」不僅制式、不夠深入，而且對方聽到會解讀為「你靠什麼維生」，等於強迫對方談論他們的工作，但實際上他們可能有更精采的故事可以分享（甚至現在可能正待業中）。

柯林與貝迪克建議對制式的問題稍微加些料。例如，別用「上週末過得如何」，試試「上週末最精采的事是什麼」；別用「你老家在哪裡」，試試「你老家最奇怪／最有趣的事是什麼」。

***

柯林與貝迪克的做法比一般提問來得「開放且

別再問「你好嗎」，改問以下問題

• **今天你碰到最好的事是什麼？**可把今天改為這週、這週末等等。

• **目前生活裡，你對什麼滿懷熱情？**

• **你對此次聚會最大的期待是什麼？**這問題適合會議和其他社交活動。

別再問「你做什麼」，改問以下問題

• **你對什麼最有熱情？**這問題能成功把話題從工作（可能無聊透頂）轉移到對方的興趣。

• **你希望能解決什麼問題？**這可把焦點從眼前的現實轉移到更遠大的目標以及可能性。

• **你小時候希望自己長大後做什麼？**這問題讓對方說出成長的經歷以及一路走到今天的路線圖。

深入」。封閉式問題要求的是簡單而明確的答案，或是 yes ／ no 的回答。〔你住在波伊西（Boise）多久了？六年。你喜歡那裡嗎？不喜歡。〕而開放式問題要求的答案因人而異。（什麼原因讓你搬到波伊西？你住在波伊西時，最喜歡那裡什麼？）試著讓問題更開放也更深入，這需要一些設計，以便挖出對方更多的感受、體驗與故事。（你一開始搬到波伊西時有什麼感覺？你在那裡遭遇過最奇特的事是什麼？）

大家習慣性認為我們不該對不熟悉的人提出「更深層次」的問題，其實不盡然。作家提姆·布莫（Tim Boomer）認為，我們在職場、雞尾酒派對、甚至第一次約會時，就該問這類問題。[12] 布莫發現，約會雙方盡聊些通勤或天氣之類的膚淺話題時，氣氛會非常尷尬。所以他腦袋浮出兩個問題：「既然我們這麼常和陌生人打交道，為什麼還是無法立刻進入狀況，深聊有意義的話題？」以及「為什麼不能捨閒聊而就深聊，一開始就直搗核心問對方深入

問以下問題，讓某人喜歡（或愛上）你

- 什麼東西能讓你擁有完美的一天？
- 如果你能改變成長過程中的任何事物，你會改變什麼？
- 對你來說，友誼的意義為何？
- 你覺得你和媽媽的關係如何？
- 你上一次在別人面前哭泣是什麼時候？獨自哭泣又是何時？
- 有什麼東西是你十分看重、絕不能拿來開玩笑的？

以上問題出自亞瑟·艾倫的 36 個問題實驗。若想了解完整問題清單，請前往：www.amorebeauti fulquestion.com/36-questions。

的問題？」

　　為了回答自己提出的問題，布莫向約會對象提出深入問題（然後在《紐約時報》撰文分享他的發現），他向約會對象問的深入問題包括：「你對什麼工作最具熱情？」、「你戀愛時感受最深的東西是什麼？」隨著問題你來我往，「我們又笑又哭，談話內容沒有一件可寫在履歷上炫耀，然後我們擁吻。」布莫說，自此他約會再也不閒聊。「每次約會都在建立實質的連結，最糟也不過是淪為笑料。」他也將深聊應用在約會以外的場合，諸如在出差時問同事：「你為什麼愛上你的妻子？」這同事一開始沒料到布莫會問這個，但「他想了一下，接著告訴我一段美麗的故事」。

　　艾倫實驗使用的 36 個問題是開放又深層次的精采例子，要求回應方講出答案前必須用心思索。36 問的用意是讓彼此敞開自我，快速找到共同的價值、夢想與希望，以及各種形式的互補點。這些是我們考慮是否要和對方（不管對方是朋友、同事還是對你放電的人）進一步深交時多少會參考的指標。我和這個人有多相容互補？有機會深交建立長久關係嗎？問題問對了，不僅讓你知道此時此刻彼此相處是否融洽，也能預告你們未來能否共處。

　　考慮到這一點，記者艾蘭諾・史丹福（Eleanor Stanford）彙整了一份問題清單，讓考慮步上紅毯的伴侶深思。其中一個特別有趣的問題是：你的家人會摔盤子嗎？[13] 這問題有助於找出對方從父母身上繼承了什麼樣的「解決衝突模式」。其他問題包括：

我身上有哪些東西是你比較欣賞的？你能接受我不帶著你，自己去做一些事嗎？你覺得十年後的我們會是什麼樣子？（最後的問題可以再具體些，變成：你覺得我們理想的未來是什麼樣子？）

另外一個婚前最實用的問題出自曼迪．萊恩．卡特隆（之前提過她利用艾倫的 36 個問題與陌生人墜入愛河）：婚姻會給我們什麼婚前沒有的東西？[14]

別再問另一半「你今天好嗎」，改問以下問題

作家莎拉．高德斯坦（Sara Goldstein）在親子網站 Mother.ly 列出 21 個趣問，以下選出六個。[15]

- 你今天何時覺得受到肯定與讚賞？
- 一年後回想起今天，你會記得什麼具體事項嗎？
- 我怎樣才能在五分鐘內讓你這一天更輕鬆？
- 如果今晚我們出發去度假，你希望去哪裡？
- 今天什麼逗你開心大笑？
- 你希望今天再多做些什麼？

***

「開放且深入」的問題也適用於日常家庭活動或聚會。大家都有過在餐桌上被父母問到：「大家今天過得怎麼樣？」的經驗，回答形形色色，從「馬馬虎虎啦」乃至一聲不吭，各式各樣。這裡給兩個建議。首先，個別提問，而非一起問（不易讓「大家」一起回答問題）；其次，可把問題微調成開放／深入的問題，例如可改問：今天發生什麼超有趣的事啊？不妨根據小孩可能的反

應，將「有趣」換成「奇特」或「惱人」的事。

月神地產公司（Artemis Real Estate Partners）執行長黛伯拉‧哈蒙（Deborah Harmon）表示，小時候和家人一起吃飯，父親會問子女：你今天遇到最棘手的問題是什麼？[16] 接著會問：你當時可以採用哪些不同的應對方法？哈蒙說，「父親的提問幫助我們學會自己解決問題。」美國塑身衣品牌 Spanx 創辦人莎拉‧布雷克利（Sara Blakely）也是因為父親在餐桌上對小孩提問而得到啟發：這週你有什麼失敗或沒做成的事嗎？[17]

若你不想在家人用餐時不斷地提出相同的問題（即使是像哈蒙或布雷克利這樣的好問題），也覺得要快速想出新問題並不容易，不妨使用問題罐（question jar），這是網站 Momastery 創辦人葛雷農‧道爾（Glennon Doyle）推薦的辦法。[18] 她的靈感來自於一位教師，後者把班上學生提出的有趣問題裝進玻璃罐裡。

道爾也在家裡放了一個罐子，並往罐子塞問題。一週撥出幾晚，和小孩一起用餐時，大家輪流從罐子裡拿出一個問題。例如：如果你是發明家，你會發明什麼？為什麼？今早醒來時，你的第一個想法是什麼？你班上有誰看起來很孤單？你認為當今世上面臨的最大挑戰是什麼？〔道爾和教師艾林‧華特斯（Erin Waters）共列出了 48 個問題，大家可以上 Momastery 網站下載。〕

道爾指出，這些問題有助於打開好幾個層面的覺知，鼓勵小孩思考自己之外，也認識他人以及整個世界。道爾寫道：「小孩首先成為自己的探索者，然後打開眼睛認識生命裡的其他人，這

是一個教導孩子好奇心、覺知力、同理心的過程。問題罐正可作為開始。」

我怎麼用盡全力傾聽？

一如亞瑟·艾倫所言，當你提問，表示你開始對另一個人有了興趣。但是為了顯示你並非只是一時興起，也為了讓對方認真回應你的問題，你要做的不僅是提問而已，你還必須傾聽。

傾聽是一種未被充分重視卻極為有效的工具，有助於與任何人建立信任。只要精通，不僅可改善友誼與家庭關係，也能在職場上成為更稱職的員工或老闆，甚至可更順利地解決問題以及創造商機。改善傾聽技巧也有助於成為更出色的提問者，事實上，傾聽是精通提問的必要一環。

這是我擔任報社記者期間，學到的第一手心得。我一開始和許多記者一樣，認為好的採訪就是備妥一份洋洋灑灑的問題清單，有時候過於專心進入下一個問題，反而未充分注意到當下對方的回應。隨著經驗累積，我發現，為採訪（或是對談）而準備的問題或許非常有用，但用心聽對方說話並適時回應，比起照稿提問還要有效。傑出的採訪者都明白，得到的回應可能埋著下一個問題的種子，繼續追問深掘，也許能挖出一些更關鍵的細節。

除了記者之外，有意與朋友、家人或同事建立連結、互相扶

持的人士，這點也成立。即便你備妥「開場白」問題，那些只是起步。為了深化對話，你的提問必須根據你剛從對方聽到與學到的事順勢調整。借用記者的訪談技巧，你可利用事先準備的問題循序漸進挖出資訊，利用這些有用資訊增進自己的洞察力並解決問題。一如記者法蘭克‧賽斯諾（Frank Sesno）所言，「簡單地提問與傾聽，不給任何評論與評價」，這樣的對話非常有力[19]，因為「會讓對方邊想邊說，甚至讓他吐露深藏不露的一面」。

但要聽得深入又認真並不容易，需要打破一些常見的傾聽壞習慣，諸如邊聽邊點頭，但心裡想的是待會晚餐吃什麼（或更糟：低頭滑自己的手機，邊說「嗯……是，我聽到了。」）作家兼企業教練凱西‧薩里特（Cathy Salit）發現：「愈來愈多人已遺忘傾聽這項技能。」[20] 聆聽也是個「快要滅絕」的技能，猶如受困的「圍城」，飽受沒完沒了的事情與叮咚不停的簡訊轟炸。薩里特說：「然而，和親近人士講話（包括你的團隊、你的公司、受你影響的對象等等），你會不會傾聽愈來愈重要。」她接著說，正因為有太多「噪音」，我們得更用力地聽別人說話。

進行重要對話之前，首先得問自己：我準備好充分聽對方說話了嗎？若時間不對，比如說你的注意力無法集中、疲憊或與對方交談時還要忙這忙那，最好延後對話，直到找到更適當的時機。另外，地點和時機一樣重要，溝通顧問艾利森‧戴維斯（Alison Davis）說：「你的辦公室是分散注意力的溫床。電子郵件、電話鈴聲、手機簡訊、文件簽收作業等等，猶如你的剋星，

會耗盡你的力氣，讓你無法好好聽對方說話。」[21] 所以不妨找個安靜的地點，讓你可以百分之百集中注意力聽對方說話。

用心聆聽

耳朵　聽　眼睛

一心一意

心

另一個必須考慮的重要問題是，全神貫注聽話是什麼意思？我們習慣把聽進去（listen）與聽到（hear）劃上等號，其實不然。專家指出，聽進去更像是全身性活動。溝通培訓公司「韓福瑞集團」（The Humphrey Group）的創辦人茱迪斯・韓福瑞（Judith Humphrey）說：「好的傾聽者要三到──身到、心到、情到。」[22] 值得注意的是，中文字「聽」結合了耳朵、眼睛與心，無疑是提醒大家，聽話其實是要求很高的吃力活。

「聽」這個字多了個心（mind），要聽進別人說的話，一定要打開心。企管顧問黛安・席林（Dianne Schilling）稱，聽對方說話時，不要花太多腦力思考自己是否同意對方所說的話，而是應該用心理解他說的話。她建議我們不妨「描繪對方說了什麼」[23]，以便腦海浮出清晰的畫面。比看見更好的是，能夠感受對方所言。當某人告訴你他目前的經歷或處境，你可以問自己：這是什麼感覺？對話中，最後難免會直接問對方這是什麼感覺（只是問法可能不同而已），但首先，想像對方可能的感受，讓自己能感

同身受。

打開心門專注地聽對方說話，不時透過肢體語言向對方示意，包括保持眼神交流、身體微微前傾靠近說話者、點頭、雙臂不抱胸、時不時給予口頭回應等等。期間除了專心聽對方說話，也要巧妙地提問，提問與聆聽相輔相成。但是保持沉默也很重要：長時間不說話，讓對方完整地表達自己，也是提升聆聽力的關鍵。但這非常不容易，因為只要對話出現空檔（即使沒有空檔），我們總是忍不住（或覺得有義務）去填補這個空檔，發表自己的意見、聲明與故事等等。

傾聽能力不是體育競賽，儘管有時我們會出現這樣的態度。聽別人說話時，我們可能邊聽邊在心裡 OS，反問自己一些「不妥當」的問題，以致把對方話聽進心坎裡的能力下降，例如：我該說些什麼來回應我剛聽到的，顯擺我比對方聰明？我該用自己哪些經歷與遭遇證明我比對方厲害（或更慘）？這時我們一定會分心思索這些問題，以致無法全神貫注聽對方說話。聯邦調查局行為分析專家羅賓‧德瑞克指出：「只要開始思考我該如何回應，我就只能聽進一半的話，因為要分神等待機會。一旦抓到機會，便迫不及待道出自己的故事。」[24] 德瑞克建議：「只要你心裡一冒出什麼等不及想和對方分享的故事或想法，務必拋到九霄雲外。」將注意力重新放到說話者身上。

時時提醒自己少說多聽，不妨用「WAIT 問題」打住自己的衝動[25]，這是心理學家羅納多‧席格（Ronald Siegel）的建議。

「WAIT 是『我為什麼講話』（Why Am I Talking）的縮寫，」他解釋道，「這個簡單問題有助於培養自己反思。」克制自己插話和打斷對方說話的衝動。席格認為這問題是治療師的利器，但也適用於所有形式的對話，甚至線上互動也不例外。新聞系教授麥可‧索科洛（Michael J. Socolow）發現，若社群媒體用戶在「貼文或轉推文之前」，養成反問自己 WAIT 問題的習慣 [26]，相信我們每個人都會過得更好。

廣播電臺主持人以及暢銷書《超成功對話術》（*We Need to Talk*）的作者瑟列斯特‧赫莉（Celeste Headlee）指出，人不容易閉嘴，因為人有「對話自戀傾向」（conversational narcissism）[27]，老想把對話焦點轉回自己身上。赫莉訪問 Heleo 的編輯時，引用自己生活中的例子：有個朋友的父親過世後，想和赫莉聊聊此事，赫莉卻聊起自己失去父親的痛。赫莉一開始並不了解朋友何以心生反感，「我只是想安慰她，跟她說『我知道妳的感受。』」後來赫莉才明白：「我反客為主，

> **問以下這些問題會提升你傾聽的功力**
>
> - **只是想確認一下，你說的是不是……？** 聽到重點，用自己的話轉述剛剛聽到的內容。
> - **你能解釋你那是什麼意思嗎？** 這是採訪者慣用的典型「確認」句，目的是請對方進一步為自己辯解（語氣很重要：彰顯好奇心與求知欲，勿讓對方覺得你不解或有敵意）。
> - **我想那讓你覺得……，對吧？** 原句是「你感覺如何？」但這聽起來太像精神科醫師在問病患，所以做了些改變。
> - **還有呢？** AWE 問題可能是挖出對方更深層看法的最佳辦法，也讓你繼續保持聽眾的模式。

一直講自己喪父的心路歷程，忽略她才應該是主角。」誠如赫莉所言：「對話自戀者老是搶走主導權，接到了球就一直霸占著球，永遠不會把球回傳給對方。」

精神科醫師馬克・葛斯登（Mark Goulston）在暢銷書《先傾聽就能說服任何人》（*Just Listen*）用了網球比賽做類比[28]，取代赫莉的「接傳球遊戲」。他說，在對話有來有往的過程中，我們習慣和對方較勁比高下，心想「他得了一分，現在我也要扳回一城拿下一分」。但是葛斯登建議，「應把對話視為偵探遊戲，目標是盡可能了解對方。」因此，別再問自己：我如何在這對話中先馳得點？而應改問：我如何確定自己確實聽到了對方想說的話？

針對這個問題，其實是有技巧的，但它的技術含量太低，以致於你可能低估它的效力。這個技巧名為轉述（paraphrasing），可在對話的不同階段進行，當說話者表達了一個想法（尤其是針對重要而複雜的問題發表了看法後），聽者可以用問句的形式重複對方剛剛說的內容。（只是想確認一下，你剛說的是 X、Y 與 Z 嗎？）

薩里特指出，轉述看似容易，但「對於差勁的聽眾而言，這可是出乎意料地困難」。轉述之所以有利於溝通，理由有二。首先，轉述可確保訊息被正確地傳達（一開始，要嘛是你可能聽錯對方的意思，要嘛是對方講得不清楚）。再者，轉述的好處是協助說話者與聽者建立共識與信任，透過轉述，讓說話者知道，聽

者的確想理解他的說話內容。

前聯邦調查局人質談判專家克里斯・沃斯（Chris Voss）表示，長話短說地轉述〔又名鏡像模仿法（mirroring）〕[29] 可以緩解緊張的針鋒相對。鏡像模仿就是重複對方剛剛說的最後幾個關鍵字，然後把這幾個字用問句反問回去。例如，如果對方說：「我覺得公司裡沒有人在乎我的工作與表現。」你就可以反問他：「公司裡沒有人在乎？」沃斯解釋，這個技巧可以鼓勵對方進一步把自己的心裡話說清楚，讓他們覺得對方真的在聽他說話。記者法蘭克・賽斯諾利用類似的技巧，他稱之為「回音問句」（echo question），短到只重複幾個字。上面的例子中，回音問句變成「沒有人嗎？」

若想根據對方的回應，再繼續追問，最有效的問法是三個字「還有呢？」（And what else?）知名高階主管教練麥可・邦吉・史戴尼爾（另一位提問專家）將這問句稱為 AWE 問題 [30]，並認為這是「世上最棒的教練問題」，可逼著我們想出更多答案，而非止步於腦海冒出的第一個想法。「還有呢？」會引出更多的可能性，深思出更多也更好的想法和見解；「還有呢？」鼓勵「大聲思考」棘手的課題。藉由一問再問 AWE 問題，有助聽者繼續扮演支持者的角色。史戴尼爾指出，AWE 問題可以把聽眾的「建議怪獸」（advice monster）拒於門外，不讓它闖進來。

但他對「還有呢？」提出了兩個警告。一，一定要問得誠心誠意（若只是公式化地問，會讓對方反感）。再者，通常連續問

三遍效果最佳，但最多不得超過三次。問到第三遍，不妨將「還有呢？」稍稍改為：還有要補充的嗎？讓話題至此告一段落。

與碰上逆境的親友交談時，「還有呢？」很是給力，不過這問句應用在商業上也是很屬害的利器，對主管或經理而言，更是如此。嘗試診斷工作上的問題時，常見主管問到：這次的問題是什麼？什麼原因造成這個問題？但是我們有時候一開始無法說清楚講明白困難點或敏感的重點，所以需要多問一、兩次 AWE 問題，才能讓真正的癥結點浮現。此外，「還有呢？」可以鼓勵大家提供更有創意的思維與解決辦法，例如可問：為了解決這個問題，我們可以試哪些辦法……還有呢？我們公司應該考慮哪些問題……還有呢？

轉述以及簡單的後續追問（比如 AWE 問題）有助於開發更多的想法以及進一步釐清重點，但無法觸及更深層的情緒與感情（許多人不太擅長表達這塊）。若想鼓勵對方分享內心的感受，薩里特建議使用她倡議的「同理心傾聽」（empathetic listening）[31]：試著看到對方的感受，然後用問句反問讓其現形。

她舉了這個例子：「所以，比爾，我聽說你對我有些不滿，因為我小看了你為爭取拉丁美洲客戶是多麼拚命。那些努力害你失眠、犧牲陪伴家人的時間、婚姻亮紅燈。我說的對嗎？」薩里特說：「像這樣的積極傾聽，是最難的一種。」但是「如果你做得好，對方會全心全意地支持你」。

聽者聽進去並回應對方的情緒，溝通就非常有效。葛斯登建

議使用像這樣的問句：我試著了解你的感受，我想你應該很沮喪，我說得對嗎？這已超出轉述，看起來好像到了「把話硬套在對方嘴上」的程度，但是只要你密切注意對方想要表達的內在感受，這類確認對方感受的問句可能是不錯的幫手。

聽者提問協助對方將內心感受轉化為文字，後續的追問可進一步澄清與確認對方的感受，例如：現在已確定你心情不佳，但是你到底有多沮喪？造成沮喪的原因是什麼？葛斯登發現，若你試著解決，就有辦法達到目的：需要做些什麼讓自己走出沮喪？

葛斯登稱這類的聆聽與提問可讓對方「感到被理解了」，表示「你了解並接受對方的感受」，若碰上同樣的處境，你能「感同身受」。葛斯登接著寫道：「若對方『感到被理解了』，他們就不會覺得那麼孤立無援……不會那麼焦慮，防備也不會那麼重。」他接著說：「當你能像鏡子回應一個人的感受時，對方也能如鏡子般回應你的反應……這是一種難以抗拒的生物本能，可把對方拉向你。」

關於聆聽，在此要點出一個重要的謬思。有些人（尤其是男性）擔心，當個聆聽者可能讓他們落居劣勢，或是看起來有些無趣。溝通專家說，其實這兩點都不成立，儘管這抵觸大家的直覺。根據華頓商學院亞當‧葛蘭特引用的研究，若我們當個「弱勢的溝通者」（powerless communicators），亦即認真聽加上問問題 [32]，我們在溝通時反而更有說服力，也更能發揮影響力。如前所述，

人若認真聽加上問問題，表示他們對話題有興趣。葛斯登說：「對話題感興趣讓你變得有趣。」

如果少給建議、多問問題會怎樣？

人有個習慣，特別不利 100 分的提問，甚至會對主管與員工的關係產生負面影響。此外，這習慣也不利家人、配偶以及好友之間的溝通。我們大家多多少少都曾為此而感到內疚：那就是愛給建議。

為什麼我們老愛給建議，告訴他人應該做什麼？[33] 史戴尼爾認為，這是因為「確定性以及掌控欲作祟。當你提供建議（即便你給的並非一流建議），你的地位彷彿高對方一等，彷彿你握著對話的掌控權。給建議時，覺得自己才是給答案的人，才是產生附加價值的人，所以你自我感覺超好」。

他說，反觀「當你問問題，你變得模稜兩可、地位矮人一截。你把權力給了對方，弱化了自己的權力。但我認為，你問問題為的是幫助人，最終你才是贏家，只不過在當下，你無此感覺。」

史戴尼爾說，居領導地位的人（如企業經理、一家之主等等），可能覺得有義務告訴大家怎麼做，想方設法解決大大小小問題，但這習慣似乎會影響和親密人之間的關係。如果我們和對方很親（如配偶、密友等等），當慣領導者的人很容易動不動就

給人建議。

這不見得全是壞事，畢竟人有時候的確需要一些建議，加上你可能剛好是適當的人選，於是就給了對方一些建言。史戴尼爾說：「我的意思並不是『千萬別給建議』，只是建議大家放慢速度，別急著幫別人出主意。因為多數人給的建議往往不如他們想的那麼實用。」

問題是，給建議的人也許未充分掌握事情的來龍去脈。再者，也許努力幫忙解決的問題並非真正遇到的問題。給建議的人對於因應某個狀況，有自己的偏見、經驗與想法。給出的建議對他們自己也許合情合理，但對其他人未必如此。

提供熟人不當建議，最後可能導致兩人關係受損（假設這些建議你照單全收）。這是我們多數人對待建議的方式（照單全收），雖然這無阻於我們一意孤行把這些不受歡迎的禮物轉贈給別人）。

有什麼替代方案？與其把你認為的「答案」直接告訴對方（替對方出主意），不如幫助他們找到自己的答案。其中一個可行的辦法是結合傾聽與提問，提問的時候要巧妙地挖掘以及引導對方說出需求。這種互動模式廣被人生教練、顧問、治療師所使用。傑出的治療師不會直接告訴你該做什麼，而是引導你找出答案。

若你能幫助他人更清楚地釐清問題，並和緩地引導他們朝可能的解決方案前進，表示你給了他們空間，讓他們得出自己的看

法，做出自己的決定，亦即他們對於可能的解決方案擁有更多的「所有權」。

這可以被視為「牽馬到水邊」的提問策略（源於「你可以牽馬到水邊，但你不能強迫牠喝水」的古老智慧結晶）。給建議的人所犯的錯在於試圖逼馬喝水，更好的方式是剩

> **不要給建議，改用以下七個問題，協助他人自己想到辦法**
>
> • 你面臨的挑戰是什麼？
> • 至今你做過哪些嘗試？
> • 若解決這問題的可用辦法不拘，你會用哪一種？
> • 還有呢？（若有需要，重複這個辦法兩三次，直到想出其他辦法。）
> • 你對哪個選項最感興趣？
> • 什麼原因可能阻礙這個想法？有什麼辦法可以排除？
> • 有什麼辦法可以讓你立刻開始行動？

下這最後幾步讓馬自己走，到了水邊，牠若渴了自然會喝，若否，解渴也許並非馬當下的需求。

我們如何利用提問牽「馬」到「水邊」？藉由提問，協助對方整理選項，撥開海爾·梅爾（Hal Mayer）所謂的「迷霧」。[34] 人面對挑戰時，可能心裡已有底，知道問題的成因以及可進行的行動方案。但他們可能需要他人協助整理那些思緒，以便擁有前後一致的策略。梅爾是佛羅里達州奧卡拉（Ocala）噴泉鎮教會的牧師以及領導力教練，他示範如何只用提問（完全不給建議），就能協助他人弄清楚該怎麼做。

梅爾培訓的對象是一位女性，她希望能招募到更多志工到她的教區幫忙。梅爾一開始請她寫下目標（招募十名新志工），然後問她：至今妳做了哪些嘗試？她提到做了哪些努力，但都沒有

效。梅爾繼續追問：如果妳可以用任何一種辦法，而且不用管錢的問題，妳會怎麼做？（讀者可以把這問題視為第二部曾提過的「如果我不容失敗會怎樣？」改編版。）

接受輔導的女子想到支付每位志工 100 美元，梅爾將這寫了下來，然後問她：「還有呢？」每當女子提出另一個想法，梅爾就再追問還有下一個嗎？直到她腸枯思竭，再也想不出新的點子，梅爾才把女子想到的五個辦法秀給她看，反問她：妳對哪個選項最感興趣？妳想進一步討論哪一個想法？她選了擺攤賣檸檬水，讓孩子們在攤位附近發放申請函招募志工。

梅爾對這構想提出了幾個實際的問題：妳要如何讓攤子從無到有？妳需要準備什麼才能開始？這個想法可能碰到什麼問題？哪些步驟現在立刻可上路？差不多在雙方對話結束之際（不到20 分鐘），該女子已擬好行動計畫，準備在幾天後付諸行動。

梅爾指出，他並未對女子的想法提出任何意見，也沒有告訴她如何作業。他說：「我做的不過是問她問題，幫助她集中注意力。」梅爾在對談中所做的一項重要事情是引導出更多的想法（問她 AWE 問題），其中最受她青睞的想法（擺攤賣檸檬水）並非第一個甚至第二個浮出的想法，而是後續追問後才出爐。當你提問請某人談論他面臨的難題與挑戰以及該如何因應時，他們一開始的反應可能過於膚淺或不切實際。總而言之，提出 AWE 問題能夠幫助對方抽絲剝繭，挖出更深層以及更好的想法。

我會因為批評而感到內疚嗎？

再也沒有比硬塞建議給別人還糟的了，至於第二糟的則是批評與說教。《歐普拉雜誌》（*O, The Oprah Magazine*）專欄作家馬莎·貝克（Martha Beck）說，若你還在權衡該不該批評親友時，「專家不約而同給出的忠告皆是：別這麼做。」[35] 貝克援引研究，指出「批評會嚴重破壞信任與愛」，讓被訓的人不由自主地轉移到「戰或逃」的模式。

此外，貝克表示，忍不住批評可能是因為我們自己做不到或出於挫折感。她建議，批評別人之前，先反過來問自己幾個問題，諸如：是什麼造成自己忍不住批評的衝動？我會因為批評對方做了什麼而感到內疚嗎？（貝克說，第二個問題「屢試不敗」，例如當我們批評對方帶著判官心態時，我們自己的表達方式也許就跟判官沒兩樣。）

另一個不錯的辦法是，批評前不妨考慮一下，批評的內容是否行得通，或者是否有用（否則何必多此一舉？）還有必須誠實

在你批評別人之前，反問自己以下問題
• 是什麼造成自己忍不住批評的衝動？
• 我會因為批評對方做了什麼而感到內疚嗎？
• 若有人跟我說類似的話，我會作何反應？
• 我說了這話後，希望得到什麼好的結果？
• 我會因為批評他人而暗自竊喜嗎？

地問自己，批評的出發點到底有沒有一點幸災樂禍或感到一絲竊喜？如果有，那麼你批評的理由就站不住腳。

批評有時會以問句的形式包裝，例如：你怎麼會做這樣的事？你在想什麼？這些「偽」問句的負面影響不輸批評，因為再怎麼偽裝，本質上還是批評（儘管多了問號）。

批評充斥於職場，經常用偽問句的方式出現。（你到底為什麼會那樣做？）這樣的問句並非在尋找真正可解決問題的答案。不過職場的確需要建設性批評，因此這類批評在職場有其一席之地，目的是協助員工提高工作能力或是解決問題。該目的可透過提問達成，不過提問的方式必須避免挑刺與找碴，而應多些肯定。所謂「肯定式探詢」重強項而輕弱項，重解決而輕難題。

凱斯西儲大學（Case Western Reserve University）教授大衛·庫伯里德（David Cooperrider）是肯定式探詢的先驅，他表示，批判式提問似乎主宰了職場上的互動。在企業界，我們動不動就問：問題是什麼？哪裡不對勁？哪個環節錯了？該歸咎於誰？庫伯里德說，「很不幸地，80% 高階主管會議的出發點都從這些問題開始。」[36] 他認為，當一家公司的提問專注於問題與弱項，公司可能會固著於問題與困難等負面面向，而忽略了強項與機會。

用更肯定的口吻提問，避免問「這專案出了什麼問題」，改問「讓我了解這專案的狀況：專案進展順利的地方？你們遭遇了什麼問題？我們從中學到了什麼讓我們可繼續向前？」

情勢緊繃時，不嫌東嫌西的提問更顯重要。家人齟齬、職場衝突、政治立場相左導致劍拔弩張，不管是哪一種狀況，任何一方試圖批評或「糾正」對方的見解，都有可能讓事情一發不可收拾，而提問有助於舒緩緊張態勢，但提問時必須小心謹慎為之，以免弄巧成拙。

如果我用好奇心取代批判會怎樣？

數年前，知名劇作家林恩‧納塔吉（Lynn Nottage）開始以工廠小鎮為寫作素材，關注工廠關門勞工失業的問題。她希望找到一個小鎮，最能體現後工業革命時代美國的變遷與糾結，最後她選定賓州的鋼鐵工業中心雷丁（Reading）。但是在她開始動筆之前，她知道自己必須到當地花些時間與在地人面對面交談。

她在 2011 年初抵雷丁，稱：「我對這個城市一無所知，也不認識任何一個人，完全就是個局外人。」[37] 表面上，她與當地遇到的人毫無交集與共通點。納塔吉是非裔美籍藝術家，政治立場偏左派，而她訪問的對象多半是藍領階級的白人男性（她注意到，其中一位紋了白人至上的刺青）。但是納塔吉告訴《紐約時報》：「我放下批評的心態，改以好奇心看待一切。對方告訴我他們的故事，我只負責認真聽，中間不打斷，然後才決定自己該

有什麼想法。」[38]

雷丁民眾希望外界聽到他們的心聲。納塔吉說：「讓我意外的是，我以為採訪時會碰到一些阻力。我想可能是因為太少人問他們問題，諸如『你感覺如何？你經歷了什麼？』我發現，大家毫不猶豫靠了過來，開誠布公的反應著實讓我吃驚。」她還發現，和這些鋼鐵廠工人交談時，「他們吐露的感受，我覺得非常熟悉，深有同感。」她告訴《紐約客》雜誌（The New Yorker），這些失業員工感到無助、被漠視，猶如隱形人。[39]「我和這些白人男性坐在一起，心想你們的心聲聽起來怎麼這麼像美國其他膚色的種族。」

納塔吉根據訪談撰寫的劇本《汗水》（Sweat）於 2016 年秋在外百老匯（Off-Broadway）首演，時值川普因為藍領白人男性（一如納塔吉劇本描繪的男子）力挺而當選美國總統。該劇繼而移師到百老匯登場，被譽為「川普時代第一齣劃時代的舞臺劇」。[40] 2017 年春，該劇獲得普立茲獎殊榮。《汗水》並未為它探討的社會問題開出任何簡單的藥方，納塔吉說：「我覺得我的角色是藝術家，無權提出解決方案，但我可以在適當時刻問對問題。」[41] 不過其中一位評論家指出：「百老匯觀眾也許沒想過他們竟然可以理解被邊緣化的鋼鐵廠工人、吸食鴉片的癮君子、甚至賦閒在家只能在有人罷工時頂替上場的人，但是看了這齣戲後，觀眾有了同理心。」[42]

納塔吉做研究的座右銘——「用好奇心取代批評」，這是身

處當今極化的時代，我們都該秉持的信念〔記者法蘭克‧賽斯諾稱這極化現象為「不容自己主張被質疑的時代」（the era of assertion）〕。僅是願意坐下來和不同世界觀的人同桌，認真聽對方怎麼說，偶爾提出一些感同身受的共情問題，就讓納塔吉得以深入認識並理解對方，然後將這些心得與感受透過戲劇傳遞給觀眾。

有人不免好奇地想知道：若納塔吉這種不帶批評的探詢方式被只會打口水戰的電視名嘴採用會怎樣？是否會讓社會多些理解與同理心？她的百老匯舞臺劇《汗水》能否幫大學生上一課，讓他們不要動不動就打壓不同意見的人，高分貝嗆反對者閉嘴？再把鏡頭拉到家裡，納塔吉的做法能否讓家人用餐時多些和氣，不要因為看法不同而爭得臉紅脖子粗？

我有次到大學演講提問的重要性，結束後，一位學生寄了一條絕望的短信給我：「我有好幾位家人政治立場和我涇渭分明，交談時很難不擦槍走火。我想知道，你有什麼建議可以鼓勵那些固執己見的人（包括我自己**以及**家人在內）開放思維，聽聽別人對他們的想法有哪些疑問？」

對於已經深陷意識形態「熱戰」的人而言，雖能透過傾聽與彬彬有禮的提問搭起橋梁，但是鴻溝太大，橋梁怎麼搭都到不了對岸。不過有些人依舊有心保持風度也希望促進彼此了解，那麼提問與傾聽可能還是唯一可行的辦法。

***

　　最近，社會充斥政治兩極化的討論，但政治並非造成鄰居失和、同事齟齬、家人摩擦、朋友疏離的唯一原因。過去未化解的誤解、辦公室的某個衝突、家人的爭執等等也會造成裂痕，但不管成因為何，假以時日，當事人的立場或「看法」只會更加根深柢固，和別人的「看法」也漸行漸遠，互相抵觸。這些彼此對立的看法可能繼續對抗下去，除非有一方願意卸下心防，停止捍衛自己的立場，改而開始以真誠的好奇心驅策提問。

　　想藉由問問題縮短鴻溝，最好先行自問。面對有敵意的叔叔或是冷若冰霜的同事之前，先問自己：為什麼我想要跨越這個鴻溝？儘管這是一件重要又值得做的事，但務必先和自己唇槍舌戰一番，找出這麼做的「正確」理由，諸如：修補或強化你和這位重要人士的關係；試著想在同事、朋友或家族的小圈子裡多些客氣而文明的討論，增進彼此的理解；或是你想擴大自己的思維框架。

　　至於**不願**繼續縮短鴻溝的理由：雖然你有意跨越某道鴻溝，以便說服對方放棄己見，改而接受你的觀點，但是多數證據顯示，你成功的機率微乎其微[43]，若你硬是不放棄，最後對彼此的關係可能是弊多於利。

　　這裡討論的提問方式不該被視為吵贏對方的一種手段，而該被視為化解爭議、鼓勵對話的工具。

權衡自己的動機時，一開始就得問自己：我真的有興趣向對方學習嗎？或是讓問題更具體且開放：我可以向那些我不了解的人學到什麼？

一如納塔吉的觀察，好奇心是關鍵。當你跨過鴻溝，與立場涇渭分明的人接觸時，好奇心不僅打開你的思維，協助你接收新的資訊，也向他人傳遞了訊號，示意你交流是為了學習，而非攻擊或當個判官。你可以透過簡單的方式透露你的好奇心：例如專心聆聽，或者在問句開頭加上「我很好奇……」、「我想知道……也許你可以幫助我了解……」之類的話。

鑽研好奇心的專家表示，好奇心存在於我們已知以及我們欲知之間的空白。[44] 所以雙方對議題的歧見進行一些開放性思考後，如果可能的話，最好輔以有來有往的交流與討論，這點的重要性不僅適用於政治意見相左的時候，也適用於家人吵架或長期欠佳的關係（例如和同事或疏遠的朋友長期不睦）。我該怎麼顧及雙方對這爭議的對立看法？

考慮對立兩方的意見會不會顯得「拿不定主意」？會不會讓你陷入來者不拒、所有觀點同樣有效的險境？（畢竟有一方的看法可能未充分掌握消息或帶著惡意。）對於這問題，答案是不會。願意考慮其他人對問題的不同看法，是批判性思考的基石之一。

的確，決定你對問題的看法合理與否的最佳方式，在於能否周延而公正地評估該問題的其他面向以及可能性（並能持之以恆地貫徹下去）。

若我們做不到，將犯了「弱式批判性思考」的毛病，亦即我們提出批判性思考的目的僅為了捍衛自己的信念與想法。當然這麼說並非要你接受所有對立的觀點都合理正確，其實評估其他觀點之後，你最後可能認為對立的觀點比你一開始的想法有更多的錯誤與漏洞。但無論如何，你自始至終應該保持開放與公正的心態。

如何掌控主宰自己的偏見？

首先你應該透過提問，質疑自己的觀點與想法。若想以開放的心態（能接受不同觀點的心態）以利對話和溝通，首先盤點自己的立場、傾向與偏見。問自己「為什麼我站在鴻溝的這一邊」時，想起先前討論到阿諾‧彭齊亞斯所提的「頸要害」問題：為什麼我堅信我相信的東西？

這類「捫心自問」（self-interrogation）很有用，因為儘管你可能很清楚自己的立場，不過你最近可能沒有花太多時間考慮這些立場背後的邏輯與成因。自這些觀點當初成形以來，情況可能有了變化，**你**可能也變了。再者，你甚至可能**不知道**對該議題為何有這麼強烈的感覺，但你就是有此感受。

美國小說家湯姆‧佩羅塔（Tom Perotta）講述他上大學不久後發現了一個現象。[45] 他來自藍領工人家庭，難免有著受這背景

影響的態度與性格——喜歡開恐同的玩笑。佩羅塔憶道：「有天有個朋友跟我說『**你**幹嘛那麼在意別人在他們臥室裡做了什麼？』」他思索這個問題時，發現除了可能是自己的不安全感作祟之外，沒有其他更好的答案。「只需幾個人問我『為什麼你那麼想？』我就改變了。」

擁有個「讓你信賴的他人」[46]，偶爾問你問題，讓你反思自己的思維與偏見，但我們周遭可能找不到這麼一個他人（不像佩羅塔），因此必須靠自己，捫心自問一些「頸要害」問題。

捫心自問有時可以協助你發現（或是稍稍意識到）自己的偏見，儘管有人可能完全看不見自己的偏見。暢銷書《戰勝你的直覺》共同作者亞當・韓森發現，透過自我反省、自我提問、親身經驗等等，多多少少可提高一點自我覺察力，我們應善用這樣的自覺。[47]他說：「謙虛對待自己的偏見，同時也要**加以掌控**。」而最後這一點值得為它設計一個不錯的問題：我該如何掌控主宰自己的偏見？

若我們意識到自己對某些特定議題特別敏感，一遇到必反應，而且反應方式就那可預見的幾招。這時我們不妨承認自己心存偏見，在我們接收新訊息或是下新的評斷時，設法「納入」這一因子，就能掌控這個偏見。將偏見納入問題裡，視情況提出來問自己：在知道自己慣於傾往某個方向的情形下，這會如何改變我對新訊息或新情況的觀感？

「傾向」可能扭曲你對許多新事物的看法，而這傾向或許可

歸因於你的背景、人生際遇、所處的社交圈、交往的人士等等。最後一項也許最具影響力。布朗大學（Brown University）認知科學教授史蒂芬·斯洛曼（Steven Sloman）說：「我們做的決定、形成的態度、下的評斷，很大程度取決於他人的想法。」[48] 不管我們承認與否，周遭人士與所處文化的確會左右我們的思考。

因此，精神科醫師兼哲學家伊恩·麥吉爾克里斯特（Iain McGilchrist）認為，「我們應該捫心自問，我所處的文化阻止我看到了什麼？」[49] 他建議，我們應該努力把眼光放遠，不要侷限在顯而易見的事物，也要忘掉周遭大家「熱議追捧」的事物，嘗試看見那些隱而不見的東西，試著發現抵觸自己以及周遭人士慣常思維的東西。

***

當你面對面質疑與你意見相左的人，謹記以下金律：千萬別試著說服對方。如前所述，給意見已經夠糟，更糟的是把自己的觀點強加諸於他人。大家對問題的看法往往和其身分劃上等號。你若攻擊批評對方的觀點，可能被視為對他的人身攻擊。

此外，試著說服他人，要對方承認他們堅信的看法錯了，通常是行不通的。不過若我有充分事實做後盾，證明我是對的呢？這仍然行不通，至少研究是這麼說的。《紐約客》雜誌2017 年刊登了一篇夯文〈為什麼事實無法改變我們的想法〉

（Why Facts Don't Change Our Minds）[50]，作者伊莉莎白・柯伯特（Elizabeth Kolbert）彙整了許多研究結果，結果都得到類似結論：「貌似理性的人其實往往一點也不理性。」尤其是一旦對某事有了定見後，即便鐵證如山，也不改其立場。此外，他們動不動就啟動弱式批判性思考，反駁對立的主張。柯伯特寫道：「聽到其他人的觀點與主張時，我們非常擅於抓對方的弱點。幾無例外，我們盲目地捍衛自己的立場。」

捨棄攻擊或反駁對方堅信不疑的立場，改以不具威脅的方式，請對方換個角度重新看待他們的主張。同理，「偽」問題（披上問句的形式，實則是抨擊或批判）不會奏效：問一個人「你怎麼會離譜到相信這種事？」已是口頭攻擊，也向對方示意，你沒興趣理解他們的想法。

一個更有效的辦法是給對方機會解釋他的主張，在他說明時，試著表露出你深感興趣的樣子。聯邦調查局行為專家德瑞克建議，對方娓娓道來時，你要說些諸如「很不錯，有助我進一步了解這點」的話。對方開始進一步闡述他們的觀點時，你不妨應用之前提及的積極聆聽技巧，諸如轉述與鏡像模仿。

美國知名修辭學者傑伊・海因里希斯（Jay Heinrichs）指出，使用「批判性思考」之類的問題挑戰對方，讓對方澄清或捍衛他們的觀點，無可厚非。這位曾出版《說理》（*Thank You for Arguing*）的作者表示，對方捍衛自己的主張時，可透過提問讓對方補充定義與細節，這種顯露「積極興趣」的提問成效不錯。[51]

例如想知道定義時，你可能會問對方：你提到「自由」一詞，你如何定義這詞？

這問題的重點是釐清定義，以利討論，但它還有另一個目的。海因里希斯說，當對方「被要求說清楚用語的定義時」，他們「往往會想出較不極端的用詞」。追究細節的問題可能是：你談論的這種傳染病，實際罹患人數是多少？你的消息來源是什麼？這類問題可被視為對講者的挑釁，所以提問時態度要冷靜有禮，而非像個咄咄逼人的質詢者（再次強調，「我很好奇……」或是「我想知道……」等話可以加在問句的開頭，它們可是軟化語氣的神器）。

讓對方陳述他們的理由，勿做任何評斷，也請對方允許你這樣做。（我可以簡短說明我的想法嗎？）陳述完自己的主張後，試著立刻轉移焦點，將對話與討論擺在雙方的共通點，而非「讓我們輪流推翻彼此的主張」。可以利用「橋梁」問題，鼓勵彼此從對立的觀點中找出積極與共同的價值觀。

以下是兩個不錯的橋梁問題，出自（有稍加改編）廣播電臺主持人克莉絲塔·提佩特[52]，她從一位節目來賓身上學到的：

· 你能從自己的立場中找到讓你暫停的點嗎？

· 我的主張中有沒有任何吸引你或你覺得有趣的東西？

從 Q 到 Q+

確保自己也能回答這兩個問題。如此一來，對立雙方都願意轉換自己的立場，有助彼此拉近距離。一如議題討論，談論政治候選人時，也可用相同的方式：

你清楚解釋了為何支持候選人Ａ，接下來你能否找出幾個你不喜歡他的理由？雖然你不支持候選人Ｂ，不過你能否想出幾個他有趣或值得一提的地方？

這類問題鼓勵對方在思考時能更持平，從習慣只看到對方負面與漏洞的地方，找出不錯的觀點，反之亦然。若難於說服對方這麼做，你或許可嘗試「動機式面談」（motivational interviewing）的提問技巧：請對方給他們不喜歡的事物打分數（例如1到10分不等）。[53] 例如：你覺得氣候變遷的真實性是多少？（1代表完全不實；10代表百分之百確有其事。）

研究員發現，即便不同意或不喜歡，大家也鮮少打最低的分數。打分數時，大家傾向選擇低值域數字，例如2或3。若是如此，接

> 使用這些「橋梁」問題，設法讓彼此在立場相左的議題上拉近距離
>
> - 你的立場裡有哪一點能讓你暫停？
> - 我的主張裡有哪一點吸引你或讓你感興趣？
> - 從1到10分裡（1代表毫無價值，10代表百分之百正確、無懈可擊），你會替我的立場打幾分？替你自己的立場打幾分？
> - 你為何沒有替我的主張打最低的1分，也未對你自己打最高的10分？
> - 我們能否想出讓雙方至少都覺得尚可的主張？

下來你可以這麼跟進：為什麼選擇 2 或 3，而非最低的分數？

這時對方可能可能會提供一些理由，例如：氣候變遷無法**完全**消失，顯示他們有意進一步表達對這事的更多看法。

提問也利於對方產生同理心，或是設身處地站在有強烈反感對象的角度思考問題。提問時可用假設性的「如果……會怎樣……」諸如：如果你明天擔任候選人 B 的競選幹事，你會怎麼鼓勵他接觸像你這樣的選民？」你明白候選人 B 不會往你的方向靠攏，你覺得他至少應該怎麼走，才可縮短兩人一半的距離？

你務必也要跟對方做同樣的事：如果我應聘擔任候選人 A 的軍師，須指導他怎麼接觸像我這樣的選民，我應該跟他說什麼？

這可以讓對話開始漸行漸近，為以下「求同」的問題鋪路：我們能否想出一個能讓雙方都滿意的候選人？候選人 A 與候選人 B 二合一是什麼樣子？若你們討論的對象不是人而是議題，可以這樣問：我們能否想出讓雙方至少都覺得尚可的主張？

借用逆向工程的做法，先預想你渴望的對話結果：希望讓對立雙方找到「共通點」，再從這結果反推回去，若欲達到這目標須回答類似以下的問題：我們如何找到雙方能確實達成共識的一件小事？對話的所有內容都應朝這問題的方向發展。即便找不出答案，也不能迴避這問題，只要一起探索，這是一個能夠獲得啟發又有饒富成效的過程。

「科學哥」（Science Guy）比爾・奈伊（Bill Nye）提醒我們，必須耐心對待那些與我們看法相左的人。[54] 他說：「我們常說『請

看這些事實！你要改變想法！』但是人可能要花上好幾年才會改變主意。」在此之前，奈伊建議，「要克服這關，應該說『我們處境相同，應該惺惺相惜，一起來了解這個關卡。』」或者引用另外一位「科學哥」卡爾・薩根的說法，我們必須「摒棄自己可以壟斷獨霸真理的心態……不該自以為合理明智，因此大家應該聽我的；若否，別人就是罪該萬死」。[55] 薩根建議，我們應把智識上的對手視為「心懷追求理想的同路人」。

我們可以怎麼進一步鞏固夥伴關係？

向鴻溝另一端的人提問固然不易，但向周遭親近人士提問同樣不是簡單活（儘管有各式各樣的理由）。不管是配偶、家人、長期摯友、公司同事還是死忠的老客戶，這些與我們親近又重要的人士，他們的意見往往被我們忽視。由於我們太熟悉他們，覺得何須多此一舉問他們問題，不過有時問他們問題反而可讓我們受益。

幾年前部落客馬修・佛雷（Matthew Fray）在當時還是默默無名的網站分享了一則趣文，沒想到被大量轉發，成為數百萬人傳閱的夯文。的確，這篇文章的標題非常吸睛：「妻子和我離婚了，因為我把髒碗盤堆在流理臺。」[56]

佛雷寫出導致婚姻破裂的諸多理由，特別是他習慣把用過的

玻璃杯放在流理臺，死也不肯多移個幾公分將玻璃杯放入洗碗機。對佛雷而言，這只是雞毛蒜皮的小事。「我不在乎玻璃杯是不是在水槽旁邊的流理臺，反正家裡沒有客人……我根本不鳥這種小事。」但是他的妻子對這事有截然不同的看法。佛雷終於了解問題核心「不是玻璃杯」，而是擺明對妻子缺乏尊重。她一次又一次地表明，這個簡單的小動作對她非常重要，而他則是一犯再犯，不把這當回事。佛雷希望當初能問自己這個問題就好了：「我愛妻子並娶了她，她一次又一次地告訴我，我這行為是個問題，為什麼我就是不相信她？」[57]

另一個他希望曾問過自己的問題，正好可作為「水晶球」問題的範例：「如果我知道婚姻會因為我做或沒做什麼而破裂，我還會繼續選擇不洗杯子嗎？」

但是佛雷當時並未問自己這兩個問題，等到想要問時已然太遲。婚姻問題層出不窮，一個接一個攤在眼前，但他腦裡浮出的問題（誰在乎一個玻璃杯？為什麼這事那麼重要？）在他的感覺裡盡是小題大做、不值得回應。其實如果他真的問了，並坦然正視它們，會發現這些問題並沒有那麼糟糕。此外，如果他問了，他可能會得出以下的結論：一，他看重的人在乎杯子有沒有洗；二，因此這事挺重要的。

根據他過來人的經驗，佛雷給了有心改善關係的人以下建議：當你和夥伴意見不合時，試著把對方的感覺與看法說出來。一開始可以問：我能試著解釋我如何解讀你的立場嗎？然後你是

否也能為我做同樣的事呢？佛雷說：「因為直到我們能正確解讀彼此的看法與主張後，才能肯定地下結論，稱我們兩人都沒明白對方心裡真正想說的話。」

佛雷提出的每個問題都是好問題，各有各的功能與目的，但可總結為一個無所不包、面面俱到的問題，適合在所有親密關係中經常拿出來問一下：我錯過了什麼？

如果我們不注意發生在眼前的事，會損及親密關係。[58] 這是心理學家與婚姻專家約翰‧高特曼（John Gottman）研究如何維繫美滿婚姻的核心重點之一。高特曼研究婚姻關係長達 40 多年，其中一個重大發現是，婚姻關係健康與否，和伴侶需要被關心或關注時，對方是否有注意到並發出「邀請」（bid）有關（高特曼解釋 bid 是一種嘗試建立連結而發出的邀請，稀鬆平常到「你看窗外有隻鳥」，或是「我剛在報紙上讀到一篇趣文，想和你分享」，都是一種邀請）。

高特曼發現，如果邀請被一再忽視，或鮮少被另一半回應，婚姻很可能以破裂收場。鑑於高特曼的研究，也許親密關係裡的每一個人都該開始定期

可詢問摯友的問題[59]

作家凱特琳‧懷爾德（Kaitlyn Wylde）與密友搭長程車的途中，想出了一系列有助於深化關係的問題，以下列其中五個。

- 你每天都在辛苦拚搏什麼？
- 你一直想試著做什麼？
- 如果你能創立自己的非營利組織，那會是什麼？
- 你的自傳會下什麼標題？
- 如果你必須在另一個國家住上一年，你會選哪個國家？

地問自己問題，首要問題是：我是否錯過了邀請？（我是否只顧著看手機，忽略了另一半發出的邀請？）

另一個該問的問題是我應該如何回應另一半發出的各種邀請？制式答案：很好，有趣哦，這類回應被高特曼歸類為「起碼回應」（minimal response），效果和無視或轉過身一樣糟糕。最好是有來有往，並利用問題「誘哄」對方再多說一些。（是啊，那鳥真漂亮，你知道牠是哪種鳥嗎？你覺得那篇報導最有趣的部分是什麼？）

邀請有輕重之別，有些邀請比其他邀請更重要。若有人告訴你他為某事感到心煩，你應該仔細聽他們說，並詢問有何可幫忙之處。若夥伴或好友告訴你什麼好消息，那也同樣重要。不要只是制式地回應「恭喜」或是「好棒」，若能提問誘哄，可以讓對方表達更多正面而積極的感受。加州大學聖塔芭芭拉分校（UC Santa Barbara）心理學教授雪莉・蓋博（Shelly Gable）稱這現象是「積極的建設性回應」（active constructive responding）[60]，也是打造健康關係的核心要素（在不良關係中，夥伴聽到對方有好消息時，習慣忽視或淡化）。

「積極的建設性回應」可以透過問題呈現，諸如：當你聽到這個好消息時，心裡在想什麼？使用馬克・葛斯登的方法，可以把這些正面情緒變成問題的一部分：當你聽到這個好消息時，一定很自豪，那是什麼樣的感覺？另一個方式是，聽到好消息時，詢問對方是什麼造成這樣的結果，以及接下來會有何發展：

你覺得這會為你帶來什麼新機會？

我要堅持自己是對的，還是要平靜？

當親密關係變調，不妨後退一步，反問自己是什麼原因以致走到今天這個地步，以及接下來應該怎麼走。不過又來了，大家習慣把注意力放在不對的問題上：我應該離婚嗎？（或是結束這段友誼／夥伴關係？）這是封閉的「是非題」，若是到了必須採取行動而不得不做決定的時候，這問題或許還有些價值，但是若這問題問得太早，會封殺其他可能的選項。最好從更開放、更有探索性的問題開始。

艾瑞克・卡帕吉（Eric Copage）在《紐約時報》撰文，文中蒐集了 11 個問題（訪談對象包括治療師與婚姻顧問），有意離婚的夫妻下決定前應好好參考。問題包括：你曾清楚表達你對這段關係的疑慮與不滿嗎？[61]（這與之前佛雷提及雙方應改善溝通相符）；與伴侶分道揚鑣後，你真的會更開心嗎？這屬於預知未來的「水晶球」問題，當然你不可能百分之百知道日後會不會過得更開心，不過至少可權衡少了另一半的未來，可能的利與弊。

接著這問題才是最關鍵的：若有個辦法可以挽救婚姻，這辦法是什麼？[62]這問題出自紐約河濱教堂（Riverside Church）牧師凱文・萊特（Kevin Wright）。但我偏好開放式的問題，諸如：

我們可以怎麼挽救這個婚姻？（因為挽救婚姻的辦法可能不只「一個」。）試著回答「如何挽救這段婚姻」的問題時，萊特建議每對伴侶列出一張清單，一邊列出**你**應該做的事，另一邊列出另一半應該做的事。

　　親密關係變調，理由不一而足，也許多到來不及一一深思。不過有時只需一件大事便能讓婚姻亮起紅燈：可能是一次大吵、有人越界出軌，或是有個心結從來沒有解決因而導致爭執沒完沒了，抑或只是雙方漸行漸遠。若你認為（或是已知）自己至少得負一部分責任，該不該道歉呢？這毫無疑問吧。但你道了歉之後，務必要再加一個非常重要的「請求」，也就是得到對方的原諒。

　　道歉看似已然足夠，但人生教練麥可・海亞特（Michael Hyatt）說，若要更有效，道歉之後必須說出以下三句話，最後一句以問號結尾。[63] 第一句是簡單的道歉：對不起。接著承認：我錯了。最後以問句結尾：你能原諒我嗎？為了求最大效果，一口氣說出這 12 個字，缺一不可。海亞特坦言，這並不容易，壓軸的問句更是難上加難，但也是最重要的。他說：「把請求原諒包裝成問句，代表我們承認求原諒並非應得的權利……而是對方的選擇。」給了對方原諒與否的選擇權，「依我的經驗，幾乎每個人都會說『我原諒你。』」

　　有時結束爭執與不快，要的不是原諒而是遺忘。願意放手忘掉過去恩怨，也不再心心念念證明「我對你錯」。這並不容易。認知科學專家史蒂芬・斯洛曼說，「我們天生有個本能，想證明

自己是對的。」[64]

不過，翻舊帳證明自己是對的，其實不怎麼有用（這就像欲說服他人改變政治觀點，可能性微乎其微）。脫口秀女王歐普拉‧溫弗瑞（Oprah Winfrey）寫道：「證明我是對的，是我過去一大性格缺陷。」[65] 她說，自己挪出寶貴時間與朋友和親人聚會，卻因此而吵不停、誤解不減反增。

她最後改變了方式，寫道：「單一個問題讓我踏出了第一步：你要堅持自己是對的，還是要平靜？」對於陷入交戰的友人（可能也包括國家在內），這是一個好問題，值得牢記在心。

提問有助於我們在職場建立連結嗎？

若問對問題，有助於建立互信與融洽關係，包括與派對上的陌生人或是家庭聚會上的親友。此外，也可和辦公室的同仁拉近關係。不過我們會猶豫要不要提問，且相較於私下互動的場合，在職場更是不敢提問。理由之一是職場環境傳統上層級分明，提問在本質上被視為挑戰上級的權威。我參訪的公司，幾乎每一個都碰上這個問題，包括高層主管與員工都想知道：我該如何問同事問題而不會踰越界限？或是讓他們豎起心防？

討論在職場上該**如何**提問之前，首先要問**為什麼**提問這麼重要。一，不管你從事什麼行業，提問都能提高你的工作表現。二，

提問有助於改善你和同事的合作成效。三，若你的工作得和委託人、客戶或任何一位公司外部的人打交道，提問有助於你理解這些人，滿足他們的需求，並說服他們和你做生意（或持續和你做生意）。

針對第一點，若要工作表現突出，你必須問以下兩個問題，透過不同的表達方式，持續不斷地問：我的工作職責是什麼？我如何可做得更好？

有人可能認為，第一個問題只有在你一開始上崗後才需要，接著就不用再多此一舉。不過實際上，工作的性質與內容變化之快，我們必須不斷反覆地問這個問題：因為昨天發生的各種變化，所以我今天的工作是什麼？經驗老道的職員與主管也許懶得問，因為他們覺得自己早已熟悉該怎麼做，即使在變化快速的時代，這些老鳥也覺得沒必要質疑既定的方式和工作習慣。

有經驗的老鳥可能也覺得問些有關工作的基本問題恐損其形象，擔心上層可能認為這代表他無能，無法勝任工作。儘管這樣的擔憂情有可原，但有的是辦法降低你擔心的風險。此外，你會發現諸多理由證明提問的好處大於風險。我和各類型企業的高階主管交談後發現，多數人非常清楚公司從上而下都需要改變，而他們一大顧慮是中階主管與第一線員工不願意或無法改變。這些公司裡，高階主管看到員工質疑行之多年的做事方式，多半會鬆一口氣並亟欲知道職員的想法。依我之見，領導人更傾向於肯定以及獎賞提問，而非懲處提問的人。

「向上提問」，亦即向更高層的人提問。向高層提問時，若態度尊敬有禮，應該更易獲得主管青睞。勿利用提問挑戰高層的權威，或是趁機抱怨。若下屬問主管：我們為什麼得做這件事？為什麼我們還在用這套老舊的設備？這類問題聽在對方耳裡猶如挑戰或抱怨（或兩者兼具）。

　　為避免這個情況，首先要做功課，研究你要向主管討教的課題。問主管問題之前，先問自己：為什麼要落實這個作業流程與作業方式？為什麼還不淘汰那組老舊設備？改變（政策或設備）可能造成的利與弊？這樣做有多困難？思考了這些問題，並蒐集相關事證，提問時也許更有底氣，問的問題也更合理而完整。可以把要問的問題設計成你感興趣的要點，以及你想知道有無發生的可能性。例如：我對 X 這件事考慮了甚久，結果意外發現了事實 Y，讓我不禁想知道，你覺得我們是否應該研究 Z 的可能性？

　　即便你對某個可行的改變沒有任何具體想法，你提的問題也必須顯露你對改變持開放心態，以及你已注意到可能衝擊或影響你工作的一些因素。例如：我注意到我們的競爭對手使用一套新的軟體，讓他們可以更快速的行動。我想知道我們應該拿出什麼對策因應？以及我的工作有沒有什麼需要改變的地方？

　　「向上提問」時，必須向上級表示尊敬，最有效的辦法之一是向他們請益，徵求對方提供意見與重要資訊。之前，我們討論了不顧他人意願亂給意見的危險，但是徵求意見則是兩碼子事。華頓商學院教授亞當・葛蘭特指出，向他人請益，對方

多半會覺得受寵若驚，主
管也不例外。當你向經理
請益時，你會讓經理的工
作輕鬆些，因為你主動打
開心房，接受經理對你的
建設性批評。

為徵求意見，最常見的
方式是問：你若換成我的位

置會怎麼做？這個問題在很多情況下都奏效，不過多一些有趣的
變化，可更有效地協助上司給出更好的建議，提升你的工作表現。
領導力論壇公司（Leadership Forum）執行長汪妲·華勒斯（Wanda
Wallace）建議，可問上司：你理想的員工是什麼樣子？[66] 這問題
讓上司能以迂迴方式提供建設性批評，各方聽了也比較容易接受。

華勒斯也建議問另外一個問題：如果我用不同的方式處理分
內工作，你能指出哪一件事會讓你覺得有實質的改變？管理顧問
公司 K Squared Enterprises 的共同創辦人凱薩琳·克羅利（Katherine
Crowley）把這個問題微調了一下，認為你應該定期拿出來問上
司：在你今天待完成的清單中，哪件事是首要之務？[67] 以及有什
麼我可以幫忙的地方嗎？這兩個問題的注意力都放在上司的關鍵
需求以及優先要務上，而你則清楚地表達，你有心幫忙，是派得
上用場的可用資源，而非只是自掃門前雪，把自己分內的事做完
就好。克羅利指出：「你的上司往往要同時打理好幾件事，他們

的優先要務隨時在變。」除非你主動提問，否則很難知道上司當下最需要什麼協助。

為什麼上司那麼難「向下提問」？

如果員工可以透過「向上提問」而受益，同理，上司也可透過學會「向下提問」而得利。許多主管就是不習慣對下屬提出大家感興趣又實際的問題。身為上司，他們也許覺得自己的角色是指導下屬怎麼把分內工作做好，指出他們做錯了什麼，為什麼工作表現沒有達標等等，而非向下屬提問。皮爾斯學院（Peirce College）商學系主任凱西・里特菲爾德（Cathy Littlefield）說，主管指導員工怎麼做，等於「提醒員工誰才是主子」。[68]他說：「上司靠批評下屬餵養自我與自尊。」但這可能重創員工的士氣。

當然，有時候在某些情況下，上司的確應該指導下屬該怎麼做，或是應批評員工的工作表現。但即便如此，問問題確實可緩解衝擊並獲得更好的結果。一般而言，問問題有助於上司和員工建立更牢固的連結，同時也有助於上司成為更好的管理者。

從員工需要你給他們建設性批評之處開始，諸如哪件事出了點問題，工作表現不如預期等等，這時上司可以利用問問題「引馬到水邊」。問的問題包括：你滿意自己的表現嗎？你認為哪部分運作得不錯，哪部分有缺失？上司可以鼓勵員工點出問題所

在，並請他們加以說明。問完先前曾提過的「引導式問題」（參考 165 頁「用以下七個問題，協助他人自己想到辦法」問題清單），接著上司引領員工思考解決該問題的辦法。

就連在問題浮出之前，主管也可以用問問題，衡量員工是否對工作感興趣並全力以赴（這是當今職場上極為重視的課題：蓋洛普研究發現，僅 30% 員工認為自己對工作「全力以赴」）。[69] 藉由問問題，例如：你找不出時間做但又想做的事是什麼？主管可以從員工的回應找出是什麼原因讓他們無法全力以赴、工作表現不夠出色。

主管一定要問員工這個重中之重的問題：你有什麼問題想問我嗎？若對方腦筋一片空白（可以理解，因為這問題超出預期又過於廣泛），你可以問得再具體些，諸如：你想知道我們落實的新政策是什麼嗎？想知道我們對公司或這個單位五年後的願景嗎？身為主管，你不必為每一個問題都備妥答案，重要的是對於問題抱持開放心態，並認真對待。不妨說：這問題很有趣——我現在沒有答案，但是我會好好想一下，然後再回覆你。

一如部屬，主管提問時不該有挑釁之意。勿站在下屬的辦公桌旁暴吼：你在做什麼？或是你怎麼會那樣做？這種問法會被視為批評，儘管你本意並非如此。

如何避免挑釁式提問？一言以蔽之：「好奇心」是最佳解藥。根植於好奇心的提問往往得到更好的回應，這對高層與上司而言，尤其有價值。如果主管對下屬顯露好奇心，可以降低因為詢

問員工的工作狀況而產生的不快與疙瘩，只需在提問的開頭加上「我很好奇」幾個字就好，輕鬆簡單，毫無困難。例如：我很好奇，你為什麼選擇這樣做呢？但是提問時，必須誠心誠意，才能進行有用的互動與對話。

誠如 FBI 行為分析專家德瑞克的觀察，當你願意放下自我，「不帶批判地問出他人的想法」，這樣的提問最有效。

有關這位你無法忍受的同事，可問自己或他人以下問題
• **有沒有可能是我反應過度？**（向另一位可信任的同事說明情況，請他提供「局外人觀點」。）
• **抽絲剝繭：具體指出這個人的哪些行為最困擾我？**
• **其中哪些行為的確影響我處理工作？**
• **其中哪些行為可被改變？**
• **是否有辦法客氣而有禮地要求這個人改變其中一點？**
• **誰可以居中調解？**（理想人選是雙方都認識並信任的人。）
• **我如何和他保持距離？**（可以的話，換去另一張辦公桌；若不行，考慮使用耳機。）

基於好奇心的提問也讓員工知道，你不僅對他們的工作表現有興趣。根據蓋洛普職場管理暨員工幸福首席科學家吉姆・哈特（Jim Harter）的觀察，當今最成功的主管必須能夠證明他們關心以及理解替他們工作的部屬。[70] 其中一個辦法是在例行互動中，提出「開放且深入」的問題，而非只問制式的問題（今天過得好嗎？今天忙嗎？）並立刻轉身前往下個辦公隔間。好的主管會想辦法和員工建立更深入的連結，問的問題像是：這週你做過最酷的事是什麼？你現在對工作哪一部分感興趣？

「開放且深入」的問題亦有助於改善同事之間的關係，讓你可以了解同事在意什麼，以及他們的興趣和熱情所在。你是否需要或是想知道這一切？這得根據當事人以及情況自行判斷，畢竟有些同事最好還是保持在「今天過得怎樣？」的淡如水問候。

不過在需要合作與共組團隊的情況下，同事之間的連結非常重要。為此，你可以利用本章針對建立關係而列出的各種問題。多數問題只需要微調，不僅適用在辦公室，在雞尾酒派對或家裡一樣見效。

關於向辦公室同事問問題，有一點要注意：若你交涉的對象實在難纏，提問或許有助於找出雙方的交集，可參考之前提到的「橋梁」問題。但若碰上那樣的情況，有必要問自己一系列問題（參考 193 頁的問題清單），有助於你決定如何因應，既然難以逃避，總要想法調整與適應。

如果把銷售口才
轉換為「提問口才」會怎樣？

在公司內，問問題固然重要，但代表公司的員工走出了公司大門，如何向對方提問同樣重要。對企業而言，與客戶以及委託人建立連結最基本的方式，便是主動且定期地詢問：我們公司能為這世界做什麼？

這一直是企業界的「開場白」問題，許多公司成立就是為了

回答這個問題。不過在當今的企業生態裡，客戶需求不斷在轉變與進化，一個有求必應的公司必須不斷反覆問自己這個問題。這問題往往由公司的第一線員工提問，包括業務代表、客服人員、實地勘查研究員等等。身為公司的「首席提問者」，他們的角色不容小覷，儘管他們可能未認清這點。

以銷售員為例，最適合藉由提問進一步了解客戶，深入與這些掌握公司命脈的人建立連結。在過去，許多銷售員認為他們的工作就是賣東西、推銷、承諾、死纏爛打、發揮三寸不爛之舌，總之試盡一切辦法，就是不問誠實問題。不過愈來愈多銷售專家發現，問問題才是最有效的銷售絕技之一。華頓商學院教授亞當・葛蘭特指出，研究顯示，懂得傾聽又善於問問題，為公司創造的營收遠大於強迫推銷。[71]

何以會這樣？葛蘭特解釋，「當對方意識到你試著影響他們，會豎起防禦心。」反觀問問題有助於建立關係。葛蘭特舉比爾・葛蘭波（Bill Grumbles）為例[72]，他是菜鳥銷售員，在 HBO 成立之初，被派到外地成立地區分公司，葛蘭波的辦法是親自到客戶的辦公室拜碼頭，到了之後，環視掛在牆上的照片，然後就他所見問對方問題。他不久就成為 HBO 的頂尖銷售員，大家都知道他是非常出色的聊天高手。葛蘭特說：「這種透過問問題而非給答案的銷售方式的確有效。」

葛蘭波和客戶建立融洽關係，這對任何一位銷售員而言，都是讓人稱道的起步，但是經驗老道的銷售員會利用提問讓自己更

上一層樓。目標是激發客戶思考，為何要和你所屬的公司合作，或是使用你家公司的產品。暢銷書《未來在等待的銷售人才》（*To Sell Is Human*）作者丹尼爾‧品克說：「這已是銷售與說服領域公認的真理：當大家有自己的理由（而非因為**你**提出的理由）做某件事時，表示他們對自己的理由深信不疑。」[73]

品克建議銷售員捨銷售口才（sales pitch），代之以「提問口才」（question pitch）。提問的目的是鼓勵準客戶進一步深思他們公司的問題，並找出可行的方案。有了提問的能力，銷售員不再只是「說客」，反而更像個顧問或合作夥伴。照此看來，銷售員無須再以三寸不爛之舌向坐在桌子另一邊的客戶推銷，而是把客戶視為站在同一陣線的合作夥伴，一起集思廣益，回答類似以下問題：我們可以怎麼通力合作解決貴公司遇到的問題？

理想情況下，銷售員兜售的東西可解決客戶面臨的一部分問題，儘管不見得一定派得上用場。品克發現，當銷售員從賣方角色轉變為合作夥伴時，銷售目的也跟著改變，從建立短期的買賣關係變成長期的業務關係。

若銷售的精神與規則是「只問不賣」（Ask, don't sell），稍加修改變成「只問不說」（Ask, don't tell），同樣適用於所有類型的企業顧問。不過這說法可能有違本能，畢竟我們認為顧問的主要角色難道不是提供企業專業建言嗎？引領風騷的企業顧問彼得‧杜拉克（Peter Drucker）早就明白，藉由提問才能提供客戶最好的服務。[74] 杜拉克說，許多公司領導人來找他，希望他提供

答案，解決他們公司面臨的問題。不過杜拉克認為，其實這些領導人對本業的熟悉程度遠甚於他，不需要他這個外人告訴他們該怎麼做。他們需要的其實是「局外人對公司近在眼前的挑戰有何觀點與看法」，以及問一些沒人問過的問題（因為公司內部人士與問題的距離過近，容易當局者迷，也容易太過執著於自己的專業），所以他這個顧問透過「只問不說」，協助企業領導人自行想出可行的解決方案。

　　理想情況下，公司與組織的提問管道應該暢行無阻，遍及各個方向：員工可向上提問，主管可向下提問，公司代言人可以對外提問。組織領導人必須確保提問管道不受限制，上下內外全都通，尤其是對內提問。領導人必須能看透組織或團體的心與靈魂，提問：我們的使命與目的是什麼？我們為什麼在這裡？

　　下一部大家會看到全新模式的領導力正在生根發芽，其基礎觀念是，一個人可以（也應該）靠提問發揮領導力。這個根本性的變革不僅影響高階企業主管，也影響每一位坐在領導位子（或希望坐上領導位子）的人，而他們領導的可能是一個倡議、一個社群、一個訴求、一間學校、一個團隊，抑或一個家庭。高明的提問技巧協助我們和他人建立連結，也同樣能幫助我們號召大家，齊力為更大的目標以及共同的使命感奮鬥。

第四部

透過提問
成為
優秀領導者

我們該怎麼做才能糾正這個錯誤？

2015 年，國二學生威達爾・查斯塔奈特（Vidal Chastanet）就讀位於紐約布魯克林區布朗斯維爾（Brownsville）一所中學，有天走出校門時，被一位陌生人攔了下來，這人問了查斯塔奈特一個問題：「你的人生裡，誰對你的影響最大？」[1]

查斯塔奈特思索了一分鐘，給出了讓人意外的答案。對他影響最大的人既不是明星運動員，也不是小說裡的英雄，就連父母或老師也都沒有入榜。答案揭曉，竟然是 40 歲的中學校長娜迪亞・羅培茲（Nadia Lopez）。

他說：「我們惹事後，她不會暫時將我們停學。她告訴我們，失學學生多一個，牢房就會增一間。」他接著說，有次羅培茲校長「要每個學生一個一個輪流站起來，一一對著我們說，你們每個人都很重要」。

這位提問的陌生人布蘭登・史坦頓（Brandon Stanton）寫下查斯塔奈特的回答，拍下他的照片，然後將查斯塔奈特的照片與故事貼到自己的 Facebook 專頁「人在紐約」（Humans of New York）。短短幾天，查斯塔奈特與女校長羅培茲爆紅，成了「網路名人」。許多人因為這個貼文，了解了查斯塔奈特與該校同學早已知道的事實：莫特霍爾橋中學（Mott Hall Bridges Academy）校長是一位非常有影響力的領導人，每天都看得到她

在走廊穿梭的身影。

看到羅培茲在校的一舉一動，猶如看到「提問式領導人」的化身。她整天和學生打成一片，有機會就找學生交談，問問題時會停下腳步，直視學生的眼睛。有次看到一位學生因為在課堂和其他人起衝突而被老師罰站在教室外，羅培茲把他拉到一邊。她不會浪費時間問學生「你剛剛做了什麼？你為什麼要這麼做？」這類判官式的問題，她偏好能刺激思考、解決問題之類的問題。羅培茲問他：「我們該怎麼做才能糾正這個錯誤？」[2] 該男孩想了一下，回覆道：「我道歉，說聲對不起？」羅培茲點頭道：「很簡單吧——你明明知道答案。」

羅培茲曾當過護士，在 2010 年創辦莫特霍爾橋中學，成為創校校長。她告訴我，她很久以前就學會利用診斷式問題找出病患身體哪裡出了毛病。[3] 她也對學生使用類似的問題：如果他們出現宣洩行為，到底意味什麼？可能的根本原因是什麼？（難道是家裡出了什麼問題，還是學生在附近目擊了什麼？）診斷出問題後，她繼續利用提問指引學生思考，找出可行的解決辦法。

在莫特霍爾橋中學，學生學習互相提問，但必須客氣有禮，不可心存藐視。羅培茲說，出身弱勢家庭的孩子沒有太多機會學習思考型對話（能夠清楚表達意見，或是提出三思後的問題）。她說：「因此學校會教他們如何做到這點。」這也是莫特霍爾橋中學辦學的理念之一，並將理念做成標語貼在牆上，營造「鼓勵提問的環境，藉此培養學生批判性思考的能力」。為了強化學校

希望培養終生學習人的理念，羅培茲以「學者」稱呼所有學生，她也希望學生這麼看待自己。

中學校長和學生如此平起平坐、打成一片，著實少見（羅培茲甚至會把手機號碼告訴眾「學者」）。她說：「他校老師告訴我：『我鮮少見到我校校長。』」她認為，這已形同失職，稱：「如果你是領導人，就必須肩負領導之責，必須露臉。」

羅培茲說：「只要你人在，就能提醒大家負起責任。這等於告訴老師：『你沒有理由缺席，因為連校長都這麼投入與認真。』以身作則等於告訴了老師與學者，我真的很看重人在不在這點。」

如果沒看見羅培茲在走廊走動，也沒駐足在教室裡，應該就是偷個空，趁沒人打擾的時刻，深思學校、老師、學者所面對的更大目標與更艱鉅挑戰。依她的願景，學校應該不只負責教育，也應該改變弱勢學生對於自我、身處的環境以及可用潛力的看法。在這難得的安靜時光，羅培茲努力解決棘手的大難題：21世紀對這些孩童的要求是什麼？學校如何協助他們？這些與貧窮絕望為伍的孩子，你該如何點燃他們對未來的信心？你該如何讓薪資過低又超時工作的老師不至於身心俱疲？

***

在某些方面，羅培茲作風似乎有些老派，猶如重返當年老師

（甚至學校校長）直呼學生名字並親切詢問學生家長近況的溫馨時代。但是羅培茲同時也是新型態領導人的榜樣，影響對象不僅是學校，也是企業界與政府等機構的楷模。新型態領導有不同的類型與不同的名稱〔僕人式領導（servant leadership）是當今較為流行的說法〕，這類領導人猶如「願景幫手」（visionary helper），不僅為他人畫出路徑圖，也會竭盡所能（諸如在背後輕推人一把、不吝給美言、展現支持與鼓勵的姿態），幫助他們向正確的方向前行。

「願景幫手」展現多項特質，我們也許不會將這些特質（諸如謙虛、好奇心、開放的心態等等）和領導力劃上等號。這類領導人倚賴一種技能，直到最近才被視為對當權者至關重要（甚至得體）：有意願與能力在對的時間提出對的問題。

提問讓新一代領導人持續學習、樂見改變、預見新的可能性、有同理心、增進溝通等等。這類領導人不排斥內視型問題（inward-looking questions），包括詢問他們的價值觀、判斷力、戰略、未來計畫，甚至核心信念。此外，他們也同樣善於對周圍人士提出外視型問題（outward-looking questions），提問時態度與做法讓對方自在又放心，不僅順利問出重要資訊，甚至讓被問對象得到靈感與啟發。

這種新型態領導適用於許多背景與情況，不見得一定要有富麗堂皇的辦公室，或是執行長這樣高高在上的頭銜。「願景幫手」可以是教師、父母、社區活躍人士、團隊小組組長、銷售經理、

鼓舞人心的部落客、思想領袖，或是任何一個積極號召眾人實現共同目標的人。

這類領導風格與「VUCA 時代」衍生的挑戰與要求完美契合，VUCA 借用軍事術語[4]，近來則被廣泛用來形容當今多變的世界，不管哪一種類型的領導人都必須因應前所未見的動盪（volatility）、不確定（uncertainty）、複雜（complexity）、模糊（ambiguity）等現象。在 VUCA 的處境裡須具備遠見（包括試著預測未來可能發生什麼並提出相應計畫），這對於想像力以及認知的敏捷力都構成了沒完沒了的考驗。

以前領導人的形象是能回答所有疑難雜症（或者至少具備百發百中的直覺），但這點在 VUCA 時代已站不住腳。取而代之的是，領導人必須能夠不斷地質疑直覺，找出矛盾的訊息與多元的觀點。顧問公司「領導之星」（Lead Star）的創辦人安吉・摩根（Angie Morgan）表示：「今天的領導人必須有靈活的思維。」[5]的確，新型態領導人必須是**思想家**，毋庸置疑。他們遠離會議和亂糟糟的日程，靜靜地思考、斟酌、提問。

新型態領導人除了改變思考模式，也必須調整和周遭人士建立連結與互動的方式，老派那套「命令與控制」的做法無法激發當今企業所需的獨立思考與合作風氣。Google 負責指導高階主管精進領導力的總監大衛・彼德森（David B. Peterson）說，在 VUCA 時代，領導力「更在乎的是影響力而非管控權」。[6]當今的領導人不僅能夠下令部隊衝鋒陷陣，也要能夠激勵、指導、支

持這些打仗的兵。為了做到這點，領導人必須懂得建立和諧關係與互信。必須有能力以同理心和來自各式各樣文化背景的追隨者溝通，包括和自己天差地遠的人打交道。領導人必須能理解人與事，而為了能做到這點，必須保持心態開放，並善於提問。

可惜這並非遍存當今領導人的現況，至少可參佐的證據沒有這麼說。在真實世界裡，我們面臨領導力危機，這是世界經濟論壇（World Economic Forum）調查中高達 86% 受訪者的看法[7]，其實不難理解何以這麼多人有這感受。領導力危機顯現於執行長以及政治人物層出不窮的醜聞，見諸於學校倒閉、主管瀆職、政府停擺等等，也從當局無力阻止（甚至充分因應）五花八門的問題得到印證，諸如人道危機、職場遍存的性騷擾等等。麻省理工學院領導力中心（MIT Leadership Center）主任黛博拉・安康納（Deborah Ancona）說：「最近這段時間，領導舞臺上演了荒腔走板的劇碼，希臘歐債危機充斥著有毒又貪腐的領導人，不僅與民意脫節也無行動力。」[8]

有趣的是，領導失靈發生的期間，社會上正充斥大量有關領導力的資訊與建議，數量之多刷新歷來紀錄，散見在書籍、文章、部落格等等，成千上萬，諸如「每位領導人必修的八門基本功」、「六個該避開的領導陷阱」、「賈伯斯傳授的七門領導課」等不一而足。

既然市面上找得到這麼多現成的書籍與知識，隨手可解「如何當個領導人」的疑惑，為什麼我們看不到更好的結果？引用羅

培茲的問題：我們該怎麼做才能糾正這個錯誤？

***

金寶湯（Campbell Soup）前執行長道格拉斯・康南特（Douglas Conant）目前自己開設了一間領導力公司，他深信要成為更出色領導人得經歷「由內而外」的過程。[9] 他的意思是一開始必須靠自己思考並想通一些基本問題，不必太過仰賴部落客貼文或 TED 演說所分享的祕笈或絕技。康南特指出，（至少一開始）不是向其他人取經，求教怎麼當個出色的領導人，而是自己得先想清楚為什麼想當個領導人，什麼對你而言最重要，你該如何開始建構並闡述自己的哲學與戰略。這個困難的作業有助於打造堅固的地基，作為價值觀以及手段的基礎，等到哪天實際掌舵成為領導人，便可成為堅強的後盾。

不過康南特說，多數領導人略過這個智識上的基本功。許多人平步青雲爬到領導人位子，卻從沒想過坐上高位後等著他的是什麼。他們步步高陞，靠的是產能、野心、靈活的手段與身段。作家威廉・德雷西維茲說過，領導人之所以成為領導人，通常只是因為他們有辦法「爬上自己所屬階級的滑溜桿頂端」。[10]

他們如願爬上了權力的頂端，但不確定下一步該怎麼做，因此開始落實康南特所謂的「直覺式領導」（seat of the pants leadership），走一步算一步。他們也許會參加培訓，靠速讀大

從 Q 到 Q+

量的領導力文獻吸收知識，可惜這些「外部」建議很快就後繼無力，無法持久，因為這些領導人少了「內部思考」這一步。

康南特直言，直覺式領導一直都是個問題，到了今日，問題更大。在 VUCA 時代，種種壓力導致危機叢生，若領導人沒有周全準備（因為他們沒有預先思考潛在的挑戰），恐讓問題雪上加霜。康南特說：「他們會貪便宜走捷徑，討股東開心；或是說話虛實各半，以此暫時安撫員工。」[11]直到不堪一擊的「紙牌屋」坍塌為止。

所以一個領導人（或渴望當領導者的人）該如何避免這種陷阱？康南特和其他人建議，首先自問一些簡單但關鍵的問題。

我為什麼選擇當領導人？

一如之前所提，從問「為什麼？」開始，往往是聰明的做法，思考如何成為出色的領導人，當然也不例外。問自己「為什麼？」牽涉到動機、理由與目的，所以有志當領導者的人應該從這個根本性問題開始，但往往不然。康南特說，有野心與抱負的領導人往往專注於當上領導人能**獲得**什麼好處（如地位、光環、財富），而忘了思考許下承諾輔導與領導他人時，得**放棄**什麼。

更具體地說，有抱負的領導人通常未花充分時間思考，驅策自己坐上領導位子的動力是否包含更大的使命感，換句話說，沒

有花足夠時間想清楚那個使命感到底是什麼。當今社會迫切需要領導力，除非你擁有凌駕個人野心之上的崇高使命感，除非你樂於每天和他人互動、享受領導他人的過程，否則你這一路追求高位而付出的努力，最後可能落得不盡如人意，也無法持之以恆。

> **接受領導職位的挑戰前，請先問以下問題**
>
> - 為什麼我要領導這個事業？
> - 為什麼其他人希望我帶領他們？
> - 第一個問題的答案是否能用於回答第二個問題？若否，你希望當領導人的理由也許太為了私利。

　　暢銷書《安靜，就是力量》（*Quiet*）作者蘇珊・坎恩（Susan Cain）指出，如果追求高位的動機只是出於個人的野心而無其他崇高使命，至少一部分得歸咎於我們的教育制度使然。她指出，大學以及大學生過於專注在領導才能（學校希望成為培育領導人的搖籃，學生希望畢業後成為領導人），但是誠如坎恩點出的，雙方似乎都用膚淺的詞與數字定義何謂領導，例如根據每位學生履歷上洋洋灑灑列出的成就、擔任過多少社團的社長等等。影響所及，讓人感覺整體目標是「為了握有指揮大權、為了領導而當上領導人，並非為了某個（學生極為重視的）訴求或理念」。[12]

　　坎恩注意到，世界需要的領導人首重服務，而非追求地位。因此她提出了一個厲害的問題：如果我們對未來的領導人說，只有當你迫切關心近在眼前的這個問題時，才能擔當這個角色，那會怎樣？

　　把坎恩的提問重新包裝變成「問自己的問題」，當你考慮是

否擔任某公司或某事業的領導人時，首先要問：為什麼要領導這個事業或這些人？以及為什麼這些人希望我帶領他們？

若你對前半部問題提出有分量的答案，該答案或許也適用於後半部。例如，羅培茲認為，協助莫特霍爾橋中學的學生是她以及老師更高的使命。她說：「我告訴學校老師，我們之所以被選中來到這裡，是因為我們應讓這個不相信自己的社區來個大轉型。」

這回答清楚說明她為什麼要擔任這間學校的校長，以及為什麼學生和老師希望她成為領導人，帶領大家。（誰不希望被有這樣崇高信念的人領導？）另一方面，如果羅培茲對上半部問題的回答類似於：「經過這些年的努力，我覺得自己絕對有資格擔任這間學校的校長」或是「我需要加薪」，拿這些答案來回答下半部問題，都很拙劣。

思考自己為什麼要領導某個組織之前，真正的第一個「先發」問題應該是：我為什麼選擇當領導人？這問題可更廣泛地被應用，意在逼有抱負的潛在領導人認真思考，驅策他們接受領導力挑戰的動力是什麼？康南特建議，將問題拆解成數個小問題，諸如：你該如何發揮自己的特殊長才與興趣讓這世界變得更好？

務必確認你想當領導人的理由，也許是因為興趣、熱情、長才等等，總之須符合當今社會對領導人的要求，也契合領導人的日常現況。想當領導人是一回事，能夠（或準備好）當領導人又是另一回事。

為了這個目的，四個關鍵問題有助於確認自己是否符合成為21世紀領導人的資格。首先由最重要的問題開始：有抱負的領導人應該問自己，是否願意助人為樂？天生喜歡幫助別人、協助他們發揮潛能的人，非常適合成為當今社會的領導人。反倒是更重視追求自己成就與目標的人，可能沒那麼適合。

　　的確，這對於有意擔綱領導角色的高成就者而言，可能是最重要的心態調整。正如康南特所言：「當你當成領導人，關注的再也不該是『你自己』。」「領導之星」的創辦人安吉・摩根說，她指導的許多主管晉升到領導人，因為他們擅長各種任務導向、結果導向的工作，讓他們平步青雲，成為崛起之「星」。

　　不過摩根說，一旦肩負領導人的角色，必須調整全部的重心與手段。她說：「他們過去習於當個『行動者』（doer），而今被要求更專注於建立關係。」這往往意味需要下放更多大家爭搶的任務，更懂得承擔責任，也願意讓其他人大放異采，成為業務與生產的頂尖高手。

　　有些表現優異的佼佼者很難做這樣的調整。管理諮詢公司合益集團（Hay Group）的研究顯示，高成就者擔任領導人，結果「習慣指揮和脅迫，不善於指導與合作，因此讓下屬覺得快窒息」以及「可能忽略其他人的顧慮」。[13]

　　考量到這些，有抱負的領導人應該問自己，是否真的準備好從「求表現」思維轉型為領導思維。領導人不該把自己視為高高在上的第一主角，該問自己：我願意退一步，不求個人成就，以

便協助他人前進嗎？

領導人首要工作是退居幕後，協助他人成功，這個並非推陳出新的想法。但在「僕人式領導」風潮助瀾下，這個觀念廣被大家接受。這運動由企業教主羅伯特·格林利夫（Robert Greenleaf）率先倡議，要求領導人應該「服務為先，首先得滿足其他人的最優先需求」。[14]

就整體目標而言，建議「僕人式領導人」努力做到以下幾件事：協助組織內人員成功完成他們分內的工作；引導職員也能升級成為領導人；想辦法擴大服務對象，不僅服務組織本身，同時也服務組織外更大的社群。

摩根自立門戶成立「領導之星」諮詢顧問公司之前，曾在陸戰隊服役，擔任軍官。她指出，服務型領導學的起源發跡於軍方。在軍中，領導人必須栽培新人，讓他們為將來成為領導人預做準備（因為現任將領可能隨時戰死於沙場，得有人隨時上陣替補）。摩根說，軍方領導人也從戰場上學到，單位裡大家必須彼此照拂（因為有時這攸關到生死），既然大家好，單位才會好，所以每一個人都必須有能力勝任自己的角色。這點給了領導人誘因，竭盡所能協助單位每一個人提升技能。

但摩根與其他人坦言，把這套服務導向、著重建立關係的領導學延伸到企業界並不容易。領導人只是與眾人為伍的「幫手」，而不是高高在上、遙不可及地「指揮與操控」下屬，但後者是許多大權在握的官員與高階主管偏愛的方式。服務型領導學要求近

距離接觸，要求「軟性」技能，諸如傾聽、有效溝通、指導等等，更要求領導人必須謙虛——這點在領導層似乎極度缺乏。

自信而謙虛，我是嗎？

組織心理學家湯馬斯・查莫洛 - 普雷謬齊克（Tomas Chamorro-Premuzic）的研究顯示，群龍無首的團體「自然而然傾向選出自私、過度自信、自戀的人擔任領導人」。[15] 他解釋，我們「往往把顯現於外的自信誤解為能力的表徵」〔他在〈為什麼領導層有這麼多無能的男人？〉（Why Do So Many Incompetent Men Become Leaders?）一文中指出，男人往往是這誤會下的受益者〕。

過度自信會助長傲慢之氣，影響組織文化。[16] 企業顧問強納森・麥基（Jonathan Mackey）與夏隆・托伊

要確定自己是否準備好膺任 21 世紀的領導人，得自問以下問題

• **我願意退後一步協助其他人前進嗎？** 許多領導人都是迅速竄升的閃亮之星以及高成就者，但是要當成功的領導人得先幫助其他人踏上成功之路。

• **我既自信又謙虛嗎？** 取得平衡點的訣竅是謙虛地承認自己不是萬事通，不是碰到什麼問題都有答案，但又能自信地說，我能協助組織找到答案。

• **我能保持學習力嗎？** 環境愈來愈複雜，也充滿愈來愈多的不確定性，領導人無法一直依賴他們既有的專業，必須不斷地學習。

• **我是否根據我個人的形象打造組織？** 太多領導人的周圍充滿和他們同類的人，大家屬於一個同溫層彼此互相取暖，這會讓組織喪失成功所需的多元思考力。

從 Q 到 Q+

（Sharon Toye）研究了「高階主管傲慢現象」，發現這問題往往始於領導人「自信爆表」（因為外界期待他們要自信，而他們也被教育要如此）。結果領導人將過度自信表現在其他有害的行為上，諸如管太多（連最小、最微不足道的細節都要插手）、出了問題就怪別人、將歧見視為對他個人的藐視、不把規定當一回事、老愛自我吹捧等等。

領導人出現這些行為毫不可取，若有，十之八九會導致失敗的推手，畢竟現代企業日益重視創新、員工參與率／續留率、團隊協作等等，而上述領導人行為不符當代這些需求。儘管如此，領導人還是得「展現自信」，才能讓部屬真心追隨。所以領導人要懂得拿捏，既要有自信又懂得謙虛：願意質疑自己的判斷、傾聽他人的需求、與大家共享成績，同時保持領導人的權威感、展現大膽無畏的氣魄、以及對自己的自信等等。誠如康南特所言：「我必須願意承認自己沒有答案……但同時又能自信地說，我能協助大家**找到**答案。」以上可歸結為每個有大志的領導人都該問的第二個問題：我有自信當個謙虛的領導人嗎？

有大志的領導人該問的第三個問題與 VUCA 中的 U（不確定性）有關。身為領導人，你不僅要忍受不確定性，還要進一步擁抱這現象。在過去，領導人可能會研擬一套經營的辦法與對策，然後一用就是數年，至今未變。但是今天的社會瞬息萬變，以前行得通，到了今天未必見效。而今天行得通，明天也許就落伍了。所以今天的領導人必須不時改變對策與方向，這

並不容易，就連 Airbnb 創辦人暨執行長布萊恩·切斯基（Brian Chesky）這個在矽谷發跡的實業家都覺得難。他接受《紐約時報》訪問時說：「我必須接受這樣的事實──不斷地踏進未知的水域，不斷地嘗試從未做過的事。」[17] 他接著補充說，自己「必須學著平常心面對不明確」。在充滿不確定的環境，為求成功，「我學會最重要的事就是學習。」這點點出了有為領導人該問的第三個關鍵問題：我能保持學習力嗎？

為了做到這點，領導人必須避免老用舊的想法與策略（即使有效也不行）。波士頓諮詢顧問公司（Boston Consulting Group）資深合夥人羅斯林德·托瑞斯（Roselinde Torres）說，今天的領導人必須自問，我有足夠的勇敢放棄過去嗎？[18] 與過去劃清界線之際，領導人必須不斷地嘗試新事物，盡快想出各種點子然後進行測試，再盡快決定要改還是要捨。

學習型的領導人也必須滿足（以及不斷餵養）自己的好奇心。一如提問，傳統上大家不認為好奇心是領導力的特質之一。不過資誠聯合會計師事務所（PriceWaterhouse）最近的研究調查肯定了好奇心是 21 世紀頂尖領導人的特色之一。[19] 若你想知道「我該如何刺激自己的好奇心？」創意諮詢公司 Lippincott 的策略長約翰·馬歇爾（John Marshall）建議，從瀏覽每天的行事曆乃至觀察和自己互動的每一個人，然後問自己：我周遭是否多的是有想法（有時甚至是有古怪想法）的大思想家？[20] 我的行事曆是否塞滿了會議、塞了一堆日常業務等著我做決定？還是我找

得到空檔探索新領域？我是否善用了每一次人際互動（不管是跟同事還是司機）詢問新人們的想法與感受嗎？

馬歇爾點出一個重點——接觸的影響源要愈多元愈好，如今21世紀的環境一變再變，對領導力的要求也跟著在變，馬歇爾提出的這點，帶出了另一個我們必須逼問領導人回答的最後一個關鍵問題。在過去，領導人往往傾向於和同類（例如跟自己想法與氣質類似的人）交往，但到了今天，這會衍生許多問題。其中一個問題是領導人若只和同類人打交道，久而久之猶如住在「同質泡泡」（homogeneous bubble）裡，一旦要對外面世界發生的事擬議對策或進行評估時，反而無法接觸到各式各樣不同的觀點與影響源。

羅斯林德・托瑞斯指出，在同質泡泡的象牙塔待久了，會限制領導人預見變化的能力。她說，擁有多元網絡有助於領導人看出趨勢與文化模式，因此每位領導人都必須問自己：我是否網羅了各種背景的人，提供我可能沒想到的觀點？[21]

勤業眾信（Deloitte）研究報告發現，多元化組織有更好的表現。但該研究也發現，多元化在多數高階領導人眼中，**絲毫沒有**急迫性。Google 的高階主管教練暨領導力總監大衛・彼德森說：「這是有趣的矛盾現象，因為多元化與提升公司績效有關，然而高階領導人卻不把這當一回事。」[22]

為什麼領導人對於推動多元化這麼抗拒？托瑞斯說：「我們常聽到老同學關係網、校友圈之類的人際網……其實每個人

多多少少都有個覺得相處起來頗為自在的關係網。」領導人的特權之一是可以聘僱或提攜他們「喜歡」的人，這些人多半和他們是同類，可能是同性別、同種族、同階級、同齡或是個性相近（一如外向的人只喜歡和外向的人共事）。領導人若希望打造一個志趣相投的同溫層或舒適圈，應該停下來，問自己第四個關鍵問題，藉此確定他們是否是成為 21 世紀領導人的料：我是否根據我個人的形象打造組織？若答案是肯定的，那麼請在你私下的個人領域成立「老同學」俱樂部，不要將這些同學或關係帶到公司，而侷限了公司的發展與格局，畢竟公司需要愈多元的思考力愈好。

考慮了上述四個「先發」問題，藉此探索自己想當領導人的動機是否正確，假設答案是肯定的，這還只是提問流程的序幕而已。接下來的提問將以雙方面對面的形式登場，需要你和他人不斷地互動。不過當你開始醞釀獨特的領導力哲學與策略時，一些「自省問題」可指引你方向，這些問題可是需要充分的時間深思。

為什麼我必須退一步才能領導？

作為一個領導人，你的時間會被沒完沒了的要求與請求占據。不斷有決定等你拍板、有問題等你解決、緊急電話等你接。

在這樣馬不停蹄的壓力之下，領導人還有時間慢下速度以

及思考嗎？看看股神華倫・巴菲特怎麼說。「我堅持花大把時間坐下來思考，幾乎是每天都要。」[23] 他的商業夥伴查理・蒙格（Charlie Munger）指出，巴菲特的日程表上，有幾天只寫著「理髮日」幾個字，沒有任何其他安排。那幾天裡，巴菲特理了髮後，剩下的時間啥也不做，只是思考。

大家應該非常明白為什麼像巴菲特這樣成功的領導人會撥出時間思考。根據波士頓諮詢顧問公司的研究顯示：「深思有助於精進洞悉力，帶出創意、戰術和執行力。」[24] 花太多時間滅火解決問題的領導人，波士頓諮詢顧問公司建議，別再一直不停地回應或是解決細節，而是務必找出空檔，讓腦筋換個方式作業，連結想法、尋找人生意義、設法觸及深層潛在的問題、預想未來有哪些可能性。這類反思有助領導人「看到大局」。

康南特說，深思也能讓領導人預做準備，更有效地因應突如其來的挑戰。「深思對領導人而言絕對必要，因為一旦碰到變化，才能像是吃了顆定心丸，可堅守自己的原則，不隨波逐流。」認真找出時間進行深思，這樣碰到問題時，才可隨時隨地上陣發揮領導力。

但是你該如何找出時間？深思與反思往往被擠出行事曆之外，將時間留給更急迫的項目。唯一的解決之道是在行事曆上挪出時間，時間一到就靜心思考，然後盡可能避免跳票。時間可訂在早上、稍晚或是之間的任何時段。康南特說：「領導人若說他們沒有時間思考，那完全是胡扯。若有必要，就早起一個小時。」

康南特透露，他已養成習慣，每天一大早在花園邊喝咖啡，邊靜心思考重要問題與想法。他說：「你一定可以想辦法挪出時間，但你必須嚴守紀律，確保該時段僅供思考，不挪為他用。」

理想情況是，你挪出足夠的時間（例如一小時），期間完全不受打擾地靜心深思，或是寫下想到的想法與點子。但是深思的時間也可以拆成好幾個短時段，Google 的高管教練彼德森說：「深思是你每天花一分鐘就可以做的事。」他接著說，那一分鐘也許在你運動時，也許在你通勤時。彼德森也推崇「在行動中反思」（reflection in action）的做法，當你做某事的時候，「邊思考發生了什麼事以及正在發生的事。等行動告一段落，看看哪些有效，哪些無效，然後問自己：如果可以，我當時還有什麼其他不同的做法？」

康南特說，深思是一個人單獨做的事，至少開始時必須如此。他說：「當你第一次思考與領導力相關的問題時，你會很想獨自與這些問題奮戰，然後得出自己的觀點──這實實在在是我對這個問題的看法，然後把想法寫下來，再來回多想幾次。」

過了一段時間後（不可以過早），讓你信賴的夥伴加入和你一起深思。讓夥伴參與主要是讓他提供意見回饋。康南特說，你可以提出類似這樣的問題：我的想法你覺得合理嗎？聽起來像我的為人嗎？我錯過了什麼嗎？

我的密碼是什麼？

關於組織的發展，值得深思的關鍵問題可分成三大領域：核心價值、當前的發展重心、未來願景。為什麼是這三大領域？因為它們攸關領導力的成效；它們帶出了需要深思的難題；這三個領域往往被近在眼前的危機排擠而受到冷落。

核心價值可分兩階段進行：首先，檢視個人價值（你個人的信仰以及希望以領導人身分體現的價值）；二，找出組織價值（組織代表的價值以及希望實現的價值）。價值型問題既側重指導原則，也涵蓋目的、歷史、身分認同等任何可以定義你作為領導人以及公司形象的一切。

關於個人價值，康南特建議從這個問題開始：我的密碼（code）是什麼？根據他的定義，密碼是一步步帶領你成為領導人的原則與行為。當你形成自己的價值與原則時，可能也會受到其他人的指導與影響。他說：「想想那些對你人生發揮深遠影響力的人，可能是祖父母、老師等等。我發現，對許多人而言，左右價值觀的密碼萌芽於個性形成期。」

另一方面，知名投資公司橋水聯合（Bridgewater Associates）創辦人雷‧達里歐（Ray Dalio）警告，想都沒想就把他人的原則微調一下變成自己的，「可能出現行為表現不符自己個人目標與本性的風險。」[25]

達里歐與康南特兩人都指出，找出自己領導原則的最佳方法之一是回顧自己過去的經歷，聚焦於具體成就以及個人成長階段。例如可問自己這些問題：哪些時候我有最佳表現？當時是什麼激勵或啟發了我？與他人合作時，我學到了什麼？（之前與他人協作時，我在哪些時候表現得最好？為什麼？）我在哪些時候堅守了自己的原則？我竭力捍衛了什麼？

利用以下這些問題「破解你的領導力密碼」

● **在發展期中，誰對我起了決定性的影響？** 領導人的價值早在他們年幼時就開始成形，多半來自於親友或老師。請重溫那些教誨。

● **哪些時候我有最佳表現？** 研究自己過去的成就，評估有哪些強項以及高產能的行為。

● **哪些時候我表現遜色？為什麼？** 失敗通常隱含一些受用的教訓，有助於修正指導原則。

● **我採取的立場支持（或反對）什麼？** 這問題有助於釐清什麼對你而言最重要，進而左右你的領導力密碼。

● **我的一句話故事是什麼？** 用故事和他人分享你的價值，將「有關」你成為領導人的故事濃縮成一兩句話作為總結。

反之，也要聚焦在失利或挫敗的經歷。達里歐發現，他的原則多半來自於錯中學。所以這時問的問題是：我哪些時候沒成功達標或無法成功地領導他人？我做錯了什麼？我哪些時候沒有堅守立場，為什麼？

思考這些經歷與心得時，寫下關鍵重點，找出不斷出現的模式與主題。例如，最好的經歷多半發生在自己心態開放與透明的時候。反之，失敗多半與透明度不夠有關。可將這模式作為找出

指導原則與核心價值的基礎。

　　清楚自己的價值可以鞏固並強化你作為領導人的領導力「密碼」，密碼對你的行為有重大影響。「領導之星」創辦人安吉·摩根提到「加雷提亞效應」（Galatea Effect，源自於希臘神話，加雷提亞原本是象牙雕像，後來變成了真人），研究加雷提亞效應的專家發現，若你認為自己是誠實的人，你的行為與表現就像個誠實的人。照摩根的說法：「即使你覺得說出真話讓你忐忑不安，你還是會說出真話。」[26]

　　身為領導人，不僅要有領導力密碼，也要能清楚表達你的密碼給他人知道。傳達你領導人密碼的最佳方式是透過自己的所作所為來達成，那些「代表」你的價值（密碼）必須像加雷提亞一樣活出生命。

　　向他人傳達你的價值時，行為固然有其分量，但文字也很重要。你可以用公約或宣言的形式分享你的價值與原則，但沒有什麼比故事來得更有力。因此你應問自己：我的故事是什麼？為求簡潔，你可以將故事濃縮成一兩句話，問自己：我的一句話故事（logline）是什麼？（logline 是一兩句話講完的故事摘要，用於好萊塢劇本）。

　　每個出色領導人都應該有個短而有力的故事，告訴別人你的出身、一路爬到今天這個位子的心路歷程、未來的規畫等等，並在字裡行間嵌入自己的價值觀。例如：她出身窮困，靠著微薄預算在自家車庫創業，因為敢做別人沒做過的事，闖出不錯的成

績，不幸碰上經濟衰退而失去了一切，但她沒有被打敗，東山再起，現在事業又更上一層樓。

你帶的人應該知道你的故事。身為中學校長的娜迪亞‧羅培茲，讓每一位學生知道她的故事：她來自於移民家庭，一路半工半讀完成大學學業，找到自己命定的職業之前，嘗試過各種不同的工作，最後整合累積的資源在布魯克林區辦了間學校。她的故事不但激勵了追隨者，也非常勵志，鼓勵我們活出自己的故事，並不斷地充實自己，為人生增添新頁。

你怎麼知道是否活出自己的價值與原則？每日或每週習慣性地問自己（或是在重要活動與重大事件後立刻問自己）：我活出自己的密碼了嗎？每天都要達成高標著實不易，不過若是做得不夠好，可將其視為一次學習的機會：我的行為到底在哪一部分出了差池，因此無法履行我自定的價值？我該怎麼做才會更好？

＊＊＊

領導人應該有密碼與故事，組織也不該例外。儘管兩者的密碼也許不同，但也可能重疊。設法找出並清楚闡明組織的密碼，用「我們」取代「我」，然後問類似的問題。針對過去的經驗，首先問：為什麼我們會在這裡？多數組織成立之初都有明確的使命感（解決問題、滿足未被滿足的需求等等），但是隨著時間久了，原本的使命感愈來愈模糊。提問探詢一路走來的高點與低潮：

我們作為一個組織，哪個時候曾經有最優的表現？我們從以前到現在，代表的價值是什麼？我們為什麼重要？對誰重要？

「我們為什麼重要？對誰重要？」這問題值得深思，因為這觸及組織為何存在的初衷。為了回答這問題，有幾個重新改寫與架構的版本，以便轉換視角與觀點。我喜歡由美國平價有機超市「喬氏超市」（Trader Jo's）前總裁道格‧羅區（Doug Rauch）微調的版本：若我們明天從地球上消失，誰會想念我們？[27] 還有另一個版本，出自美國商業雜誌《快企業》（*Fast Company*）的共同創辦人威廉‧泰勒（William C. Taylor）：我們做了哪些其他組織不能或不願做的事？[28]

> **用這些圍繞「成立宗旨」打轉的問題，闡明公司為何重要**
>
> ● **如果我們公司明天從地球上消失，誰會懷念我們？** 這個問題有助於說明你們公司為什麼重要，以及對誰重要。
>
> ● **我們做了什麼其他公司做不到或不願做的事？** 這問題將焦點轉移到組織的強項與獨特性上。
>
> ● **我們反對什麼？** 你可以輕鬆說出你支持什麼，但若要一個公司表明自己反對什麼，相較之下後者風險更大，因此這擔子頗重。
>
> ● **我們可以怎麼讓我們不只是個公司，也是個充滿理想的事業體？** 大家期待組織能愈來愈為員工、當地社區乃至全世界做出有意義的貢獻。

這些有關「組織為何重要」的本質性問題看似多此一舉，因為大家感覺這問題早已有了答案，何須再明知故問。但是領導人的關鍵角色之一是讓公司堅守核心想法、抱牢核心價值、謹遵公司從無到有的創業故事。這些基本問題必須定期被拿出來問一問，確實落實公司的基本理念，並檢視這些理念是否還站得住

腳，畢竟公司存在的理由會隨時間而改變。

在高度政治化的時代，組織領導人不僅要闡明公司代表的立場，也要說明公司反對什麼議題。卡內基美隆大學（Carnegie Mellon University）新成立的領導力學院執行長李安娜·梅爾（Leanne Meyer）說：「如今對領導人的期望，已來到轉捩點。」[29] 客戶與員工比以往更重視公司或企業的倫理、道德、政治立場。在過去，企業領導人習慣規避任何具爭議或政治性的議題，而今若還是這麼做，可能不利公司形象，畢竟對大部分客戶與員工至為重要的議題，若公司對其保持距離、拒不沾鍋，可能被外界貼上不關心社會正義的標籤。

領導人問的問題必須超脫基本面，找出辦法讓組織的作為符合世界公民的樣子。顧問提姆·歐吉利維（Tim Ogilvie）建議，當代每個領導人都應該考慮：我們可以怎麼讓我們不只是個公司，也是個充滿理想的事業體？[30] 若組織被視為不遺餘力投入有意義的活動，這組織會激勵員工，並與客戶建立更緊密的連結。

但要成為充滿理想的事業體，不僅是捐錢做公益而已，而是需要持之以恆地全力以赴（顯現於公司的作為、政策與貢獻）。理想情況下，公司應帶頭或支持某個崇高的訴求，諸如食品公司找到辦法解決飢餓問題，製鞋公司每賣出一雙鞋就捐贈一雙新鞋等等。領導人必須盤點公司的特殊優勢和核心價值，將自己的優勢與外界的需求完美結合。怎麼做？不妨問：我們公司更高的使命是什麼？

我能少做什麼？

在一個複雜多變又要求苛刻的環境，領導人承受頗大壓力，覺得自己永遠做得不夠：抓住每一次機會、把握每一個新的可能性、善用一切最新的趨勢。很快地，這些領導人就會掉入一個陷阱：做得愈多，實際完成的量反而愈少。作家兼企業顧問葛瑞格·麥基昂指出，這是當今領導面臨的最大威脅之一。

麥基昂為了了解這威脅的本質，決定破解下面這個有趣的現象：為什麼原本應該成功的人會栽在微不足道的瑣事上？[31] 他發現，許多領導人似乎信奉「多就是好」，並根據這個假說要求自己與員工，結果隨著領導人以及公司愈來愈成功，這問題似乎更嚴重，因為麥基昂發現「成功會分散焦點」。

因此一家公司從僅僅一個簡單的構想起步，鎖定一個特定的市場，成功之後不久，開始開枝散葉，將觸角延伸到許多新的領域，同步貫徹很多策略。產品的種類激增，每一種產品都標榜有更多的功能、更複雜的設計。結果領導人的日程塞了太多的工作量、開不完的會、處理不完的「緊急要務」，導致負荷過重而崩潰（麥基昂指出，所謂優先要務，定義上不能多達 20 個）。

既然領導者才是那個替他人決定與安排工作優先順序的人，他們必須有能力取捨，專注於最重要的工作，麥基昂稱這能力是

「專準主義」（essentialism），是攸關領導力好壞的能力之一。專準主義標榜少但要更好，為了做到這點，領導人必須做些重要的改變。其中之一是改變態度，麥基昂用一個厲害的問題點出這點：如果我們停止吹捧忙碌是衡量重要與否的標準，那會怎麼樣？

除了改變態度，行為也要徹底改變。面對眾多可能性時，領導人必須懂得取捨。麥基昂說，當面對 A 與 B 兩個可能性時，「專準主義者」會深思「我要哪個」，而非不假思索地問「我怎麼做才能兩個都要」。[32]

提問是去蕪存菁與聚焦的必備工具。有個方法也許能有效檢查自己是否犯了「一味求多」的毛病，那就是訓練自己每新增一個選項或加大範圍時，就自問：這有必要嗎？若我們新增這個選項，很可能會失去什麼？

蘋果已故創辦人史帝夫・賈伯斯是高度專注領導的最佳模範生之一。整體而言，他絕非十全十美的領導人。若我們把「願景幫手」這標準套用在他身上，在「幫手」這關，他十之八九不合格，畢竟有充分文獻顯示，他常痛罵員工；但是在「願景」這部分，賈伯斯可是佼佼者，而這得歸功於他如雷射般精準的聚焦能力。為他寫傳的作家華特・艾薩克森（Walter Isaacson）發現，賈伯斯最為人樂道的是他會召集蘋果的高階思想家齊聚一堂，問他們：「接下來我們應該要做哪十件事？」這些人會挖空心思，想出哪「十個」可以擠進名單，然後「賈伯斯會刷掉後面七個，宣布『我們只能做這三個』」。[33]

一般而言，減比增還難，拒絕比點頭還難。高階主管教練麥可‧邦吉‧史戴尼爾說：「當領導對某事搖頭說不，他通常也會對**某人**搖頭說不，這其實需要勇氣。」[34] 他接著說，「全力以赴只做幾件重要事也需要紀律與勇氣，多數人會選擇做 100 萬件事，以免被罵或被挑毛病。」

不過專注於去蕪存菁後的幾件重要事，可讓你集中心力與資源在你選出的這幾件事上。麥基昂說，若我們習慣用負面的態度思考這樣的取捨，不妨重新架構看待取捨的方式：與其問「我該放棄什麼」，不如問「我想要搞出什麼大名堂」。

這類問題不僅可用來檢視新的可能性與選項。在許多組織與企業中，既有的專案與作業流程都是長時間慢慢建立起來的，領導人往往更重視添新而不會除舊。知名企業顧問杜拉克說，為了對抗這種只加不減的惡習，領導人應該定期問自己：我們應該停止做什麼？杜拉克把這篩選練習稱之為「系統性減法」（systematic abandonment）[35]，認為這練習之所以重要，在於能避免公司疲於奔命、分身乏術。

組織裡幾乎每個科層的分工與作業程序都該接受「為什麼？」的洗禮與考核：為什麼這個規定（或這個程序）會存在？先思考過為什麼落實這個規定，再接著問：若它之前合理，現在還合理嗎？

嘗試找出並廢除不再適用（或永不適用）的政策時，先詢問對這政策非常感冒的人——亦即員工。諮商顧問麗莎‧波德爾

（Lisa Bodell）建議，將決定權下放給公司員工：你們最想封殺公司哪個蠢規定？[36] 波德爾說，同時提供一些護欄，以免他們涉險（有些規定絕對必要，如果廢掉可能違法）。此外，詢問員工為什麼這些規定應該廢除；若交給他們，他們該怎麼改變這個規定；是否覺得不容易做到。

> ### 詢問以下問題，提高領導專注力
>
> - **我若做了哪一件事，可以讓其他事變得較容易或顯得多餘？** 在接手新的挑戰或新的專案時，打一開始就要問自己這個「專注型」問題。（蓋瑞‧凱勒）
> - **我們應該停止做什麼？** 練習「系統性減法」。（彼得‧杜拉克）
> - **我想要搞出什麼大名堂？** 用這個問題取代「我要放棄什麼？」（葛瑞格‧麥基昂）
> - **我們應該封殺哪個蠢規定？** 與員工分享這個問題，看看他們選出什麼蠢規定。（麗莎‧波德爾）
> - **此刻，我做了什麼讓時間達到最高使用效率？** 使用「HBU」問題，讓個人產能達到最大化。（安吉‧摩根）

問問題可釐清領導人工作的優先順序，讓他們能充分利用有限的時間。針對這一點，「領導之星」創辦人摩根說，每天早上她會問自己「HBU」問題：此刻，我做了什麼讓時間達到最高使用效率（highest, best use of time）？

當然，要回答這個問題你必須先問另一個問題：現在真正重要的事是什麼？不管什麼時候，總有一樣東西必須優先處理，領導人的工作就是弄清楚是哪件事，然後挪出時間與資源給它。哈佛大學教育學院院長詹姆斯‧萊恩（James Ryan）提出人生最核心的五個問題，問題之一是：真正重要的是什麼？[37] 他說：「每次你做決定時，不管決定是大是小，這都是好問題。例如，每次

會議一開始，我認為領導人應該問：這會議真正的重要性是什麼？」（如果想不出任何一點，就可呼應摩根所提的問題，這會議似乎不符 HBU）。

有另一個問題可以協助領導人專注與聚焦：這個問題由全球最大地產公司「凱勒‧威廉地產公司」（Keller Williams）的共同創辦人蓋瑞‧凱勒（Gary Keller）提出，剛好就叫「專注型」問題（focusing question）。凱勒建議，迎戰挑戰的每一類型領導人都應該從這個問題開始：我若做了哪一件事，可以讓其他事變得較容易或顯得多餘？[38]

凱勒的問題逼你專注於只做一件事，而非忙於應付冗長的工作清單，這樣你就可以立即著手那件重要的工作。例如，如果領導人希望提高員工士氣，同時又能不斷追求創新，要讓這一切變得更容易的「一件事」就是落實新政策：讓員工有更多時間做他們自己的專案。

若想確定應該先專注做哪「一件事」，可能需要逆向分析，端視你手邊項目的難易程度。但凱勒表示，他發現只要願意花心思思考這個問題，通常能夠想出不錯的答案。他建議，一旦你有了答案，你或你的小組應該設法估算要花多少時間才能完成這件事，然後立刻挪出時間加以完成。

我們公司怎麼會淪落到收攤倒閉的地步？

「經理的眼睛老是盯著眼前財務報表最後一行的盈虧數字，領導人的眼睛卻是看著遠方。」這話出自領導力大師華倫·班尼斯（Warren Bennis）。[39] 領導人時時得對遠方可見的動靜保持警覺，諸如才剛浮出的新科技或趨勢等等。但今天領導人也必須是未來派，可以預見尚無動靜（可能因為距離出現與發生尚有數年之遙）的變革與變化。

用衝浪人的話，領導人必須密切注意「第三波」（third wave）。根據惠普（HP）執行長迪安·魏斯勒（Dion Weisler）的說法，第一波是企業目前所在位置，也就是目前的核心業務 [40]；第二波是浪開始湧起，代表新的成長契機將至；第三波是未來式，想要騎乘該浪的衝浪者打道回府，「參考天氣預報，確定下一次大浪何時出現。」

「有遠見」的領導人不僅必須預見第三波大浪將至，還得事先弄清楚組織該怎樣善用這第三波順勢而為。這得靠問問題，這問題不同於之前協助領導人深挖公司歷久不衰的價值，也不同於提高專注力的問題。「遠見型」問題（visionary question）偏向探索與推測，協助你設想未來的藍圖與劇本。我認為這些「遠見型」問題可以協助你釋放心中潛藏的伊隆·馬斯克〔Elon Musk，特斯拉（Tesla）創辦人〕。

有諸多原因阻礙領導人展望未來。畢竟水晶球並非唾手可得，預測也並非百分之百應驗。此外，近在眼前的壓力更逼得我們只能專注於新出現的危機，或應付迫在眉睫的截止期限。我們在認知上厚此薄彼，偏重正在發生或最近發生的事。專門協助公司擬議長期計畫的企業顧問唐·德羅斯比（Don Derosby）說：「如果我是領導人，一定被眼前的瑣碎小事纏得團團轉，沒有餘力與心思預想未來幾年會出現的重大問題。」[41] 為了扭轉這一現象，他鼓勵領導人「改變時間視角」（temporal references），用未來一年的視角來看形形色色的時事，進而拉長到兩年的視角、五年的視角。

思考未來，必須想辦法看見未來；想要看見未來，可從問問題開始。德羅斯比喜歡使用他所謂的「神諭型問題」（oracle questions），例如：他可能會問企業客戶：如果神諭可告訴你未來三年會發生哪些事，你最想知道什麼？顯而易見，沒有這種神諭，但這問題的目的是鼓勵領導人專注於未來劇本——開始用未來視角思考眼前的問題，試著想像到了那時什麼事最重要。回答神諭型問題也許可以激發研究與藍圖規畫。實際上，一旦你思考了預知未來的神諭型問題，你必須從問卜者變成給答案的人。

推測式探詢可用來預見未來潛在的威脅。紐約餐館老闆丹尼·梅爾（Danny Meyer）最喜歡提出這類問題，例如：我們公司怎麼會淪落到收攤倒閉的地步？[42] 這個問題讓你想像未來競爭對手的模樣：這個掠奪者是什麼來歷？為什麼比我們有優勢？弄

清楚想明白之後，可以開始思考如何讓自己變得像那位掠奪者。以梅爾為例，他從這類提問得到了靈感，打造專賣漢堡與奶昔的高檔速食連鎖店「昔克堡」（Shake Shack）。

思及未來的契機時，領導人可善用推測式探詢突破界線，尋找其他的可能性。例如，每一位領導人都該問：如果我們有能力更快速、更高效地完成現在的工作，我們憑此能力還能完成什麼挑戰？考

> **藉由詢問以下「遠見型」問題，釋放「內心的史帝夫・賈伯斯」**
>
> ● **我們公司怎麼會淪落到收攤倒閉的地步？** 從尚不存在的威脅開始想像。
>
> ● **我們如何為第三波預做準備？** 這不是第一波（目前的核心業務），也不是第二波（可見浪湧起），要預見第三波在哪裡（尚未湧起的大浪）。
>
> ● **如果神諭可以告訴我們公司五年後的發展，我們會問什麼？** 想想最關鍵的問題，然後努力找答案（因為你才是先知）。
>
> ● **第七代後人會怎麼看待我們現在做的事？** 取經原住民伊洛魁族，學習如何長期規劃。
>
> ● **如何讓明天被看見？** 讓員工瞥見更好的未來，提振他們的士氣。
>
> ● **我們的「遠見型問題」是什麼？** 忘了願景聲明，用開放式問題探索未來。

慮到進步的本質，我們可預期問題前半部難不倒我們，因此為後半部進行規劃，不失合理。

從員工的視角思考未來發展的可能性：如果我們為員工打造理想的工作環境會怎樣？他們上班會是什麼模樣？也可將推測性問題用在客戶身上：麻省理工學院教授麥克・許瑞吉（Michael Schrage）認為，領導人應該問：我們希望客戶變成什麼模樣？[43]

愈能精準預見未來變化，表示你提出的推測性問題愈好。要

如何更精準地預測那些變化？回到魏斯勒的第三波比喻，你可參考「天氣預報」。不乏未來主義者與預報專家，提供和商業相關的預測研究與報告。此外，波士頓諮詢顧問公司資深合夥人托瑞斯呼籲領導人注意日常活動與人際互動，這些活動有助於拓寬你對現在進行式與未來下一步的看法。你花時間和誰在一起？討論什麼主題？你會去哪裡旅行？你正在閱讀什麼書？這些影響力可以幫助你找出未來的趨勢與模式。

「遠見型領導」應該放眼多遠？德羅斯比建議，分階段思索未來：先從一年、繼而兩年、然後五年。企業顧問蘇西・威爾許（Suzy Welch）建議，權衡重大決定時，可用不同的時間量尺：這個決定在十分鐘、十個月、十年後會有什麼意義？[44]

碰到重大課題（例如公司營運可能會對環境造成什麼影響），不妨套用根據原住民伊洛魁族（Iroquois）古老原則設計而成的問題：第七代後人會怎麼看待我們現在做的事？[45] 這個原則編纂於伊洛魁族的《大和平法》（Great Law of Peace），主張每個決定都應考慮到對未來七代可能的影響。

「遠見型領導人」不僅必須就組織發展方向制定指導願景（guiding vision），也必須有能力和他人分享這願景。許多人透過「願景聲明」（vision statement）之類的形式，雖然能讓人一窺未來，但更有效的方式應該是示範而非口說而已。怎麼做取決於各個領導人，但一開始可問：如何讓明天被看見？其中一個不錯的例子借鏡於羅培茲校長。她為「學者」規劃的願景是將來能

夠就讀頂尖大學，但她不僅是說說而已，也安排他們參訪哈佛大學，讓學生想像未來成為哈佛生的模樣。

最後，若你使用願景聲明：不妨稍稍改變一下措詞與標點符號，讓封閉式的陳述變成問句，會更有吸引力。開放、有前瞻性的問題可刺激大家思考這個問題及其可能性。

例如，耐吉（Nike）的願景聲明為「帶給全球每位運動員靈感與創新」，這聲明可以重新包裝為**「我們可以怎麼**帶給全球每位運動員靈感與創新？」西南航空（Southwest Airlines）的願景聲明為「成為全球最受喜愛、最常被搭乘、最賺錢的航空公司」，同樣可把肯定句的聲明變成「我們可以怎麼……？」

把聲明變成問句之後，下一步是把問句告知每一位你領導的人，與他們分享並集思廣益，要求每一個人都有責給出答案。

接下來領導人將迎接另一個挑戰。身為「願景幫手」，除了顧及「願景」這部分，接下來也要兼顧「幫手」的部分，所以我們問問題的視角也要由內思轉到援外。

發生了什麼事──我能幫什麼忙？

康南特 2001 年加入金寶湯公司時，被要求描述對這家老字號公司的觀感，康南特毫不矯情地說：他一腳踏進了「有毒的公司」。[46] 康南特受僱擔任金寶湯的新任執行長，在他上任前，金

寶湯的市值在短短一年內腰斬了一半。之前的領導層犯了一系列錯誤，導致營收不如預期，不得不開始裁員，甚至不惜犧牲產品品質。他說：「一點都不誇張，他們竟讓金寶湯雞肉湯麵裡的肉塊縮水減量。」[47]

但是最大問題可能還是員工士氣大受打擊，這可由「敬業度」看出端倪（所謂敬業度衡量的是員工有多看重他們的工作）。康南特聘請市調公司蓋洛普對員工的敬業度做了調查，發現「在《財星》雜誌 500 大企業裡，金寶湯公司的敬業度竟然墊底」。他說，每兩個員工就有一個在騎驢找馬。

所以康南特著手進行許多改革，諸如廣告、店內展示，甚至恢復雞肉湯麵裡的肉塊量，但首要任務還是提振員工士氣。康南特認為，想在市場上取勝，首先得對工作場所下功夫，這個理論在他之前成功領導休閒食品公司納貝斯克（Nabisco）時得到了印證。其實對康南特而言，這套理論的根源可追溯到更遠。在康南特的職涯初期，曾突然被食品公司通用磨坊（General Mills）炒魷魚，還「被人護送請出了辦公大樓」。他回憶道，途中，有人給了他一張輔導主管再就業的電話號碼。他打了電話，對方接了電話說：「你好，我是尼爾·麥肯納（Neil McKenna），我能幫什麼忙嗎？」

麥肯納不僅協助康南特重回職涯的軌道，也啟發他把「需要我幫你什麼忙？」這問句應用在管理上。康南特說：「我逐漸相信，從領導人的角度，這問句是必殺絕技。」對於領導人而言，

定期而高效地提出這問題，並非表面看起來那麼簡單。康南特說，提問時態度必須謙虛，幫忙必須誠心誠意，並根據對方的回應採取行動。

康南特把這問題帶到了金寶湯，連同他的計步器。他深信，問問題最好是在公司裡與員工面對面互動時，因此他每天在公司走上1萬步，盡可能走遍公司各個角落。他在辦公大樓四處走動，每一次停下腳步，就問對方哪些事進展順利，面對的最大挑戰是什麼，最後用關鍵問句收尾：我能幫什麼忙嗎？

管理階層習慣找出問題以及解決辦法，結果問的問題不脫：出了什麼問題？康南特另闢蹊徑，偏好正面發展的問題：哪些事進展得順利？哪些事我們做得不錯？他在公司裡裡外外、上上下下尋找，一旦發現哪裡有小進展，不吝高調讚美。每天，他親筆手寫20張紙條，每一張都指名道姓給誰，具體表揚那位員工不俗的表現（康南特在金寶湯十年，估計寫了3萬張紙條）。

過沒多久，康南特就扭轉了金寶湯的頹勢，帶動銷售額、營收、股價翻揚，接下來十年直到他2011年退休，幾乎都維持這樣的榮景。但康南特尤其自豪在他領導下，金寶湯員工的敬業度出現戲劇化竄升。該公司在《財星》雜誌500大的員工敬業度排名，一路從墊底竄升到名列前茅。

而今康南特自立門戶，開了家領導力顧問公司，並在西北大學（Northwestern University）凱洛格高階領導研究院（Kellogg Executive Leadership Institute）擔任主任，繼續鼓吹以互動、提

問、聆聽、幫忙為基礎的領導哲學。要說服忙碌的高管接受這樣的領導方式並不容易,「畢竟他們多半忙著完成『真正的工作』,而把這些互動晾在一邊。」[48]

＊＊＊

金寶湯在 2001 年遭遇的問題(大量員工想另謀出路),是今天許多公司都有的現象。最近研究發現,員工敬業度極低,高達三分之一的美國員工對公司失去了向心力[49],是當今領導人面臨的最大挑戰之一。

沒有靈丹妙藥,沒有辦法確保每個人都喜歡上班。但是像康南特這樣務實又投入的提問式領導人,的確有兩三把刷子提振員工的士氣與工作績效。提問式領導人可在危機出現前,找出員工的問題與挫敗感。可在他們最需要的時候,及時給予支援與鼓勵。也能在員工與管理層之間建立互信與融洽關係。

領導利用提問作為主要的溝通模式,利用提問直接和員工互動。提問不僅有助於員工,也讓領導人取得經營組織所需的關鍵訊息。

曾任教於麻省理工學院史隆管理學院(MIT Sloan School of Management)的艾德加‧施恩(Edgar Schein)是組織發展專家,也寫過暢銷書《MIT 最打動人心的溝通課》(*Humble Inquiry*)。他發現,很多組織都有個困擾,那就是向上溝通出了問題。他說,

這問題猶如「毒瘤」。[50]「下屬知道的可多了，例如如何讓工作場所更好或更安全，但基於種種原因，卻保留不說。」

被問及為何保留不說這些重要訊息，員工通常的回覆是，老闆與高管希望下屬報喜不報憂，更糟的是，老闆與高管甚至會「斃了吹哨者」。施恩說，唯一的改變之道是高管直接去找下屬，對他們說：「我真的很感興趣，我認真在聽。」若否，則會「繼續發生意外事故，生產劣質產品，因為你要的訊息並未浮現」。

相較於之前，當今領導人更要避免陷入前奇異（GE）執行長傑克・威爾許（Jack Welch）所謂的「潛藏漸生的孤立狀態」（creeping insularity），以免領導人切斷了與他人交流、獲悉關鍵訊息的臍帶。威爾許指出：「閉門一天，等於白白失去認識員工、了解作業流程、掌握市場實況的一天。」[51] 他認為，每個領導人都該在桌上放個牌子，上面寫著：「你怎麼還坐在這裡？」

假設我們接受這個前提——領導人應該離開自己的辦公室，到各樓層走動並勤於提問，這類「走動式探詢」（ambulatory inquiry）該提出的問題是：我應該問這些人什麼問題？

首先，領導人問的問題要能鼓勵對方做出有意義的回應。根據施恩對「謙遜提問」的定義，「能**吸引人注意**的技能與藝術」，要做到這點，必須以開放式問題、打心底感興趣的態度和好奇心為後盾。

施恩呼籲領導人避免使用「引導性問題、不切實際的問題、讓人尷尬的問題，或是包裝成問題的陳述句」。尤其要避免批判

式問句，諸如：這是誰的錯？你們在想什麼啊？這類問題會讓對方豎起心防，對話嘎然而止。領導人習慣把自己視為問題解決者或是故障排解高手，往往直搗黃龍，找出哪裡出了問題，以及誰該被究責。但若能把注意力放在員工的長項與解決能力上，彼此互動的成效會更好。

我關注的是什麼東西壞了…… 還是什麼東西有用？

　　凱斯西儲大學商學院教授大衛・庫柏里德帶頭推廣如今廣被使用的練習「肯定式探詢」。[52] 他認為，企業領導往往過於關注問題。他反其道而行，力主領導人應用提問凸顯做得不錯的地方以及員工的長項與優勢，反而有更好的結果。此外，提問時要樂觀面對難題，探詢有哪些成長與進步的可能性。

　　這不代表要規避員工遇到的問題。「走動式探詢」的目的是找出問題，並想辦法解決，但是一開始的問題可從正面著手。例如，若員工沒有在指定時間之前完成工作，提問時可以先從正向的部分開始（他完成了交辦的專案、專案做得不錯等事實）。然後才問到為何超過了截止時間，但要避免指責的語氣與口吻：能讓我了解一下是什麼原因耽擱了交件時間嗎？然後逐漸將問題轉移到能否以協作方式解決癥結：我們可以怎麼加速工作進度又不會犧牲品質？有什麼我可以幫忙的地方嗎？

請注意，上述互動的例子中，問方並沒有用到「為什麼」一詞。「為什麼」開頭的問句在許多場合可能很實用也很有力（當你試著了解問題的癥結時，我非常贊成大家反問自己「為什麼」），但是直接問員工問題時，最好還是謹慎些，勿動不動就搬出「為什麼」。

顧問公司「史緯德國際企業」（Stroud International）共同創辦人納薩尼爾・葛林（Nathaniel Greene）寫道：「當對方聽到『為什麼』或是『為什麼不』，他們習慣**為現況提出辯護與解釋**。」[53]葛林指出，大家被問到「為什麼」時，常會「解釋為什麼錯不在他們，或是為什麼他們無法合理地改變

領導人進行「走動式探詢」時，不該問以下問題

- **今天過得如何？**制式問題只會得到制式回應。

- **你為什麼……？**直接問員工「為什麼……？」會讓他們進入「替自己辯解」的模式。

- **誰搞砸了？**勿聚焦在尋找代罪羔羊，而應將焦點擺在如何有效解決問題然後繼續向前推進。

- **以前不是試過這個了嗎？**領導人意興闌珊地說「早去過／早做過了」，員工聽多了之後，也就懶得想提想法了。

領導人該問以下問題

- **你面臨的最大挑戰是什麼？**提問時，挑戰可以具體些（小至專案），或是籠統些（大至工作）。

- **你有進步嗎？**若員工覺得「被困住了」，便會開始覺得沮喪。

- **能讓我了解一下是什麼原因導致……？**與其直接問「為什麼……」，不如用這樣的問句，雖然字多了些，但語氣少了非難和針對性。

- **大家清楚我們現在在做什麼，以及為什麼這麼做嗎？**向員工提出這個有關公司目標、方向、政策異動和未來願景的問題。

- **我能幫你什麼忙？**康南特說，這是有關領導力的必殺技，但請心誠才問。

現狀」。葛林點出，這些辯解只是浪費時間，真正的重點應該擺在如何解決問題以及繼續往前邁進。

聯邦調查局反情報專家德瑞克建議，若提問的一部分目的是為了與員工建立互信與融洽關係，那麼領導人提問時，必須「讓問題不見任何的批評或自我高人一等的感覺」。德瑞克經常與準情報線民面談，必須快速贏得他們的信任，在面談之前，他首先會問自己：我如何確保對話圍繞他們打轉，包括他們的需求、興趣等等，而非以我為主角？然後在對談時，他心裡會有張對照表，提醒自己不要走偏了。我是不是在徵詢他們的看法，而非只顧著發表自己的意見？我是否專心聽他們的優先考量，而非反過來讓他們聽我的？我是否提供他們選擇和選項，而非直接指點他們該怎麼做？

德瑞克面試間諜以及提供情報的線民時，為了能迅速和他們建立融洽關係，最喜歡問「挑戰型」問題。他說：「我偏好『挑戰型』問題，每個人都有難關與挑戰，若你有辦法讓他們侃侃而談，可得到兩大回報。一，你知道他們的首要考量是什麼；二，打開你幫助他們的機會之門。」

你可以用籠統的方式提問（你在組織裡這個職務上面臨的最大挑戰有哪些？）或是以較具體的方式提問（你在這個專案中面臨的最大挑戰是什麼？）不管問題是哪個類型，都有助你找出需要協助的地方，並為接下來負責收尾的問句「我能幫什麼忙嗎？」鋪路。

喜歡到處走動明察暗訪的領導人，最想挖出的重要資訊是員工的工作表現到底有沒有進步。哈佛商學院教授特蕾莎‧阿馬比爾（Teresa Amabile）說，她的研究顯示，「能讓員工全力投入工作的理由與動機，沒有什麼大學問，首推在有意義的工作上，是否有一天天地進步。」[54] 這裡針對這點提供一個不錯的問題，出自領導力專業教練馬歇爾‧高德史密斯（Marshall Goldsmith）：你今天有盡全力持續讓自己進步嗎？高德史密斯說，用這種方式提問，等於讓對方全權做主負責自己的工作進度。

　　如果有什麼事阻礙了員工進步，領導人有責任找出並消除障礙。可能是因為會議太多、資源太少、訓練不足等等。詢問員工，我們現在做的哪些事阻礙了你？他們搞不好會急著告訴你原因。

　　如果發現某員工停滯不前或是做不到公司要求，不要妄下最壞的結論。企業顧問約翰‧巴瑞特（John Barrett）建議你反問自己「不能、不願、不問」這三不問題，藉此找出員工達不到工作要求的原因：是不是因為他們能力不足（不能）、不願做還是不懂怎麼做？[55] 如果是最後一個，錯不在員工，是你有責任提供他們所需的指導與培訓。

　　除了用提問找出當前大家擔心的事與需求，也可以善用提問了解員工的目標、抱負、過人之處以及熱情。例如，可問對方：你正在進行什麼讓你興奮不已的事？藉由這問題，你會更清楚對方的興趣所在，這可以在你日後決定該如何讓員工對某個專案傾注他們的熱情時，納入考量。另一方面，問對方：是什麼原因讓

你採用這個方式？這問題可以了解對方的想法以及解決問題的方式。管理教練威廉・阿魯達（William Arruda）建議，利用提問協助員工探索自我，例如：你怎麼看待自己在這個角色的轉變與成長？[56]

＊＊＊

詢問員工工作上面臨什麼挑戰時，也可趁機明察暗訪他們是否了解組織的目標與更崇高的使命。領導人可能**認為**自己已經清楚向員工傳達了指導願景，但不代表員工有收到訊息。哈佛商學院教授羅伯特・卡普蘭（Robert Kaplan）認為，領導人應該自問：我的員工如果被問到公司的願景與優先事項時，能侃侃而談嗎？[57]不要自己揣測，直接去問他們：大家清楚我們現在在做什麼，以及為什麼這麼做嗎？

「為什麼？」很重要。任何人都記得住也能一字不漏背誦公司的願景聲明或公司的流行口號，但更重要的是，公司上下每一個人是否真正了解為什麼公司選擇走這條路，為什麼堅持某些核心原則，以及為什麼領導者要痛下那個上周剛公告的決定。

與員工做這類互動時，是否還有空間提出更廣泛的問題，觸及員工職場之外的熱情與夢想？問問他們工作以外的興趣：你下班後做了哪些事最讓你振奮？你做了什麼讓自己繼續學習與成長？領導人問這些問題時，打開了與員工建立融洽關係的新途

徑，甚至還可能陰錯陽差發現員工工作以外的興趣，剛好滿足公司之所需。如果你找不到這樣的連結，不妨問員工：如果我們能借用你對 X 的熱情，並用某種方式讓它成真，你覺得如何？我們可以怎麼做到？

到處走動向員工提問時，要注意一些風格與語氣上的要點：使用閒話家常的語氣，加些柔和的開頭語，諸如「我很好奇……」、「我在想……」、「能讓我了解一下……」等等。提問之後，給對方時間回答，勿等不及搶著替他們回答。但如果他們回答不了你的問題，也別讓他們苦思太久。不妨說「我們先擱置這個問題，以後再說」，然後繼續進行對話。

提問時要小心翼翼。專業教練麥可‧邦吉‧史戴尼爾說：「沒有人喜歡受到猶如西班牙宗教裁決所咄咄逼人的盤問，儘管它似乎是許多高管擷取靈感與仿效的對象。」[58] 史戴尼爾提醒高管，提問的目的「不是暴露對方無能，而是發掘對方的智慧……減輕他的壓力」。

也許最重要的一點是照著中學校長羅培茲遵循的原則：如果要問某人問題，切勿草草了事。花點時間，停下腳步，看著對方的眼睛和他交談。認真聽他講話之餘，也要根據聽到的內容，持續用問題代替給答案。若羅培茲有辦法在人來人往的學校走廊向躁動不安的中學生提問，**你**一樣有辦法在上班時對著成年人提問。

我真的想在職場推廣好奇文化嗎？

至此，我們已思考過領導人可如何開始提出更多的問題，但是如何鼓勵組織（以及社區甚或家庭）的其他人也多多提問呢？

按照常理，最好先考慮「為什麼」，然後再考慮「該如何」。為什麼領導人希望鼓勵他人多多提問呢？為什麼要打開蓋子釋放員工內心潛藏的連番問題呢？

最明顯的答案是，許多公司需要盡可能從多元的管道獲得新的想法與點子，以利創新。各種人提出的問題——包括高管的考績評估程序與流程、第一線員工察覺到效率不彰的現象等等——都有利日後重要的改變與改進。蘇格拉底說過：「我們所有人加起來會比我們當中任何一個人還聰明。」[59] 公司也一樣，只要善用集體智慧，可以更聰明、更有生產力。

之所以鼓勵公司上下踴躍提問的第二個原因是，公司必須因應快速而持續的變化，提問是指引公司前進方向的關鍵，也是便捷的導航器。若任職的公司正經歷改變與轉型，大家必須勇於提問，並認真地邊做邊學，才可更順利地適應與生存。

此外，傑出領導人希望追隨者感到滿足與充實（不說別的，這點至少可降低員工的離職率）。讓追隨者從工作得到充實感的辦法之一是學習。研究顯示，一旦停止學習，許多人傾向離職。[60] 若希望組織裡的員工持續學習，領導人必須讓員工自由探

索、思考以及提問。

這就是「原因」，也非常有說服力，尤其若組織看重創新，不吝鼓勵員工學習，並樂見獨立思考與內部辯論，那麼更應鼓勵提問的風氣。

包容「異」見很重要。帶領一支充滿好奇心、工作敬業、愛問東問西的隊伍，的確是個挑戰。討論這現象時，我有時會問領導人一個問題：若員工提的問題愈來愈多，你會怎麼面對那些問題？（若領導人漠視員工的提問，提問人當然會不開心。）另一個問題是：若你不喜歡員工提出的問題怎麼辦？

若領導人被上述兩個問題困惑，顯示還未全盤思考鼓勵提問風氣的意義與重要性。這裡再提醒一點：高管常常對員工說：「別問我問題，只管給我答案。」（這句話的另一個類似版本是，「別丟問題給我，只管給我解決方案。」）如果你是領導人，上面所述正好是你的寫照，請在說這些話時再三思量。

你說這些話背後的真正意思是，你要的是解決方案與創新點子，但你對於催生解方與點子背後的繁雜過程完全不感興趣，這可不是創新從無到有的作業方式。為了鼓勵創新，你必須擁抱問題、支持實驗精神，把兩者視為改進或創新的潛在機會。至於找出問題並就這問題提出疑問的人，那人至少做出了有意義的貢獻。在樂見提問的文化或環境裡，員工不負回答問題或解決問題之責，若那人碰巧知道答案，那很讚，但還是得看問題的難易度與規模大小，也許需要一整個團隊齊心齊力才能解決。

領導人在衡量自己是否真的想要推動問問題的文化時，不用問太多，只要問自己一個總結性問題：我準備好可以正式宣布「把你們注意到的問題通通提出來」了嗎？因為在愛問問題的文化裡，大家就是這麼知無不言。

＊＊＊

　　到底該如何培養提問的文化，其實有不同的方式因應這個挑戰，但有一點很清楚：必須從高層開始。有關好奇心的研究顯示，在好奇心蓬勃發展的環境裡，提問與解決問題不但不會受到打壓，還會被奉為楷模，而鼓勵這風氣的可能是教室的老師、家裡的父母、公司的高管等等。[61]

　　維吉尼亞州大學達頓商學院（Darden School of Business）教授愛德華·赫斯說：「領導人必須是帶頭示範深思的榜樣。」[62]赫斯說，高管若想做到這點，態度要非常開放，不吝分享自己感興趣的事物、學習方式，以及解決問題的態度。赫斯說：「他們應該在大家面前大聲把想法說出來。」

　　根據記者亞當·布萊恩特（Adam Bryant）的觀察，所幸許多領導人天生就是好奇心重的人。他十多年來在《紐約時報》撰寫專欄「角落辦公室」（Corner Office），累積了數百位高管側寫。在這麼多採訪過的執行長中，布萊恩特發現他們的共通點，「他們的心智習慣了所謂的『應用好奇心』（applied curiosity）[63]，他

們習慣問東問西，希望知道事情如何發揮功效，也想知道如何再提高自己的功效。這些高管對打交道的人以及他們背後的故事心存好奇。」

若想建立愛問問題的文化，提問式領導人應該利用每一次機會展示他們愛問問題的習慣。例如，加州大學柏克萊分校（UC Berkeley）商學院教授莫頓・韓森（Morten Hansen）說，不妨在會議一開始「問大家開放性的問題」。[64] 他指出，太多領導人開會時用發表高見揭開序幕，導致「其他與會者只能附和你」。

提問式領導人喜歡有人唱反調，不樂見大家唯命是從。愛迪生國際（Edison International）執行長佩卓・皮薩洛（Pedro Pizarro）甚至要求其他高管在公開場合公然和他叫板，「讓其他人看到，我看重的人可以和我唇槍舌戰。」[65]

為提問行為建立可模仿的範本是重要的起點，但這僅是第一步。康南特建議，改變組織的文化須分三階段：首先確定你要什麼樣的文化，然後正式布達，最後制定實際做法。「布達」這部分很容易，但太多領導人只做到布達，卻少了可以落實布達的實際做法。

稍稍調整了康南特的三步驟公式後，領導首先要問自己兩個問題：我想要什麼樣的文化？以及什麼樣的行動和條件可催生這文化？

我們可以怎麼做而讓大家放心提問？
有獎賞嗎？有利產出嗎？

假設你樂見鼓勵好奇心、勤學習、問問題的文化，那麼需要什麼樣的條件？在教育界，這一直是學校思考的問題。教師嘗試培養好奇心與問問題的風氣，但如何在課堂上鼓勵更多學生發問？教師把這大哉問拆成四個小挑戰：我們可以怎麼做讓大家放心提問？我們可以怎麼做讓提問人得到獎賞？我們可以怎麼做讓問題對症下藥？以及最後一個：我們可以怎麼做讓提問成為習慣？[66]

這些問題不僅適用於學校，也同樣適用於企業和職場。例如說到放心提問：許多學生的確害怕在課堂上舉手發問，而許多員工（調查發現大約是三分之二的勞工）也是如此，認為自己「無法在工作時問題」[67]，擔心問的問題可能因為種種原因被大家嫌棄，甚至被解讀為以下犯上。

因此培養問問題風氣的第一步是建立安全的避風港。教師要做到這點，辦法很多：可以明確向學生宣布，所有問題來者不拒，不會對任何一個問題指指點點；向學生一個一個分別地徵求問題；甚至舉辦學生活動，活動重點是練習提問或如何包裝問題。

有些辦法有助於減輕學生在課堂上提問的恐懼，這些辦法同樣也適用於職場的成年人。課堂上的提問練習只要稍加修改一下，就能應用在小型新創公司或大型跨國公司。例如，可將與會

者分成幾個小組，減輕他們在一大群人面前提問的壓力。與會者被指示盡可能提問，因為不用擔心被指指點點，所以問題很快就傾巢而出。這現象有時會讓高管嚇一跳，畢竟他們已習慣員工在大型會議上安靜坐著、不發一語、不侃侃而談、不問問題。但實情是，幾乎每個人在那樣大型又高風險的場合裡，難免緊張而不敢提問，擔心稍有差池而因小失大。

企業領導人也可仿效最佳人氣教師使用的一招：「你問我答」（Ask me anything）。有些公司實際上已落實這辦法，要求執行長每週一次回應公司員工提出的問題。Google 就這麼做，並先請員工在網上票選希望高管回應的問題。但是企業還可更進一步：為什麼不請每位經理或主管參與每週一次或每月一次的「你問我答」呢？

為了鼓勵大家提問，請明確表示，任何人都不會因為提問而受抨擊或受罰。若這意味允許大家在系統上匿名提問，那就這麼辦吧。不過在健康的提問文化裡，提問人不該被迫隱姓埋名，畢竟這環境就是要讓提問人不會因為提出以下問題而遭算帳：為什麼我們沒有就瑕疵零件這個問題做些什麼呢？

企業圈裡，有一些處罰提問人的奧步，例如增加提問人的工作量，猶如「變相獎勵」。員工問道：為什麼我們不用 X 提高工作績效？高管的回應是：很高興你指出來，顯然你關注這問題，那麼何不由你全權負責修正呢？乍聽之下，似乎是機會，但提問者可能忙到已自顧不暇，或是能力不足以擔綱此重責。這個變相

獎勵是嚇阻員工發問揭露問題的高招。

停止處罰提問人之外，接下來該考慮如何獎勵提問，可以歸結為兩個字：「肯定」（recognize）、「有獎」（incentivize）。可再一次師法學校老師的做法：有些老師會設計「繽紛牆」（wonderwalls），展示最有趣、最有創意、最合理、最瘋狂的形形色色問題。企業以及其他組織也可如法炮製，利用實體或線上布告欄，舉行「每週你問我答」競賽，或是其他高調表揚提問的活動。

公司領導人可以記下他們收到的問題，並在會議一開始就告訴大家：會計部門的約翰前幾天問了一個很棒的問題，我想拿出來和在座各位分享。或是可以借用上述康南特所使用的方法，親筆寫紙條（回覆內容因人而異）給那些透過指定管道提交問題的人。最後要說的是，給提問人一些肯定與獎勵（不管用什麼方式），這不會花太多錢，但提問人可以非常強烈地感受到，自己的問題受到了重視。

不過獎賞的確需要花

> **為鼓勵好奇文化，可問以下四個問題**
>
> - **如何讓大家放心提問？**嚴格執行「不得評論」的規則；所有問題來者不拒，而且多多益善。
> - **我們可以怎麼讓提問得到獎賞？**透過口頭嘉獎，表揚發揮實質功效的問題。若要更進一步，可提供獎金或其他具體的獎賞。
> - **我們可以怎麼讓提問對症下藥？**訓練大家提問時，問題不會天馬行空，而是能夠務實地發揮作用。
> - **我們如何讓提問文化持之以恆，不會曇花一現？**讓提問成為會議或其他例行活動上的重要一環。

些錢，但提供獎金或其他津貼給問對問題的人，可是非常值得的投資。所謂「對症下藥」的問題（productive questions）可被定義為成功改善現狀的問題：包括公司改變既有的政策、推出新的研究計畫或員工計畫、升級公司的產品等等。公司傳統上獎勵的對象是想出解決辦法的人，但現在該是時候獎勵那些第一個找出問題癥結的人，否則就算有解決方案，也只是空談，沒有實現的一天。

說到「對症下藥」的問題，這又衍生了第三個問題：我們可以怎麼讓提問對症下藥？

培養問問題的風氣，除了鼓勵大家多問問題之外，也要鼓勵大家提出**好**問題。好問題能協助公司找出問題或機會之所在、能催生新的點子、有利公司進步等等。為達到這個目的，組織應該培訓員工的提問技巧，給予他們方法與實作訓練。這是全方位的培訓，包括如何腦力激盪想出問題，如何微調修正醞釀中的問題，如何強化批判性思考的能力，如何用提問解決問題，如何以有效的方式問其他人問題等等（下一章節針對這類提問技巧簡短扼要地列出了練習範例，大多數練習都不難操作）。

為了協助大家提出有效解決疑難雜症的問題，必須要教導大家，提問的目的可以也應該達到預期的結果。在企業界，重點不在於沒完沒了地爭辯形而上的問題，也不是因為好奇而想弄明白（當然若大家私下有時間，這些都是不錯的練習）。重點是利用提問得到實際而具體的結果。為了這目的，員工應該了解提問的

方法，這些方法能讓希望突破與創新的人循序漸進地從思考摸索新的可能性，一直到最後想出落實的辦法。

　　有關鼓勵提問文化的最後一問——如何讓提問文化持之以恆，不會曇花一現？這問題點出了提問是一種習慣。我們問得愈多，對於之前可能忽略或視為理所當然的現象，會更自然與本能地提出疑問。再次提醒，規律地練習（以及獎勵）都有助於養成隨時提問的習慣。讓提問成為每天商務活動的一環，提問次數愈多，這習慣愈快養成。所以你要自問：如果每天會議都以問題揭開序幕會怎樣？如果公司定期推出「提問日」（question days），要求以團體為單位提出問題，我們可以提問挑戰什麼樣的假說？如果你要求員工每週想出一個偉大的問題和同仁分享，會有怎樣的結果？

　　企業界若想鼓勵員工提問，並和同仁互相分享切磋，一樣可以師法學校老師的做法，尤其可借鑑試辦新穎教學方式「探究式學習」（Inquiry-Based Learning，簡稱 IBL）[68] 的實驗學校。IBL教學法的目的是鼓勵孩童自問自答（自己想問題，自己找答案）。

　　以下四步驟可以協助職場應用 IBL：一，要求員工（可以是個人或小組）提出一個深具企圖心的問題，這問題有助於解決公司目前相關的困境。讓他們先向直屬上司或高管報備，請求批准。二，員工（或小組）著手研究問題（公司會安排一些「自由活動時間」給員工做研究）。三，完成研究後，提問人會向公司或部門簡報，說明問題是什麼，以及過程中學到的心得。四，身

為聽眾的同仁加入，一起進行「我們可以怎樣？」（How might we?）的腦力激盪，聚焦在如何將提問人的心得應用於公司迫在眉睫的問題。

總而言之，推動類似 IBL 的計畫，召開以問題為導向的會議，定期舉行提問練習，都有助於深化提問習慣，並精進提問技巧。

＊＊＊

關於催生提問文化的最後兩個重點：一，當組織裡的員工開始愈問愈多後，潛在的衝突與矛盾會增加。因此，必須教導他們，提問時態度要有禮、不存挑釁之意。簡單地放軟語氣與措辭，讓聽者覺得，提問人是基於好奇心而非惡意提出問題。

此外，公司可能也得制定激辯的遊戲規則，大原則是在某種程度內允許各自表述，百家爭鳴。加州大學柏克萊分校教授韓森說，這個想法的用意是「吵架求團結」（fight and unite），亦即「希望員工進行真正的辯論，這才有助於做出最佳決策。雖然吵得凶，但最後大家必須一致力挺拍板的決定。」[69] 亞馬遜創辦人貝佐斯也走這樣的路線，稱：「若你堅信某個方向，儘管大家尚無共識，但不妨還是說『嗯，我知道我們對這點抱持不同意見，但你願意在這點上和我對賭嗎？（我們）雖意見不同，但我放手讓你發揮，好嗎？』」[70]

最後，若你想打造一個包容又多元的提問文化（相較於僅限特權圈提問的文化），一開始得承認，**每一個人**都可（或者有潛能）重拾好奇心。引述好奇心專家伊恩・萊斯里（Ian Leslie）的話，好奇心是「一種狀態而非人格特質」，會隨著情況、環境、條件而消長。[71] 若你建立的環境能不斷給予刺激、開放、歡迎探索與提問，那麼在這環境的每一個人都可重拾好奇心。

但是有些人的確比較沉默寡言，有些人則樂於公開分享他們的好奇心。提問也牽涉到權力與特權，有些人習慣或覺得在大庭廣眾下提問是他的權力。其他人（因不屬於權力圈或基於禮貌）可能習慣把問題藏在心裡不說出來。

領導人必須鼓勵這些安靜員工勇於分享。企業顧問玄珍（Jane Hyun）與李歐麗（Audrey S. Lee）呼籲領導人這樣問：我可能沒聽到誰說話的聲音，我該如何放大他的音量？[72] 她們指出，由於種族、性別或其他因素（如在公司的年資、所屬的部門等等），有些人可能「不被聽見」。在提問的文化裡，這些障礙都不重要，因為好問題應該出自每一個人。

處處探究
的人生

我該如何開始實踐自己的提問人生？

前幾章列出了許多問題，不過閱讀與思考這些問題是一回事，怎麼善用這些問題又是另一回事。

我相信，提問＋行動＝改變（Q+A=C），而提問－行動＝理論（Q-A=P）。理論沒什麼不好，但本書傾向用問題達到實際成果，希望不論是你的工作、人際關係還是生活方方面面，都能有所不同。為此，你必須讓問題為你服務。

誠然，這不容易做到。人類天生偏好憑直覺行動、速戰速決、不假思索，或是照著習慣的行為模式。我們大半人生都處於「自動駕駛」模式，這不是完全的壞事。有時候，這有助於搞定更多的事，讓我們能開心地做白日夢（甚至是讓你有所收穫的白日夢）。但是有時候（包括我們做重大的決定、想辦法解決疑難雜症、面對創意性挑戰、進行重要對話等等），必須轉換到刻意深思慢想的模式，這時就得利用提問指引思考力。

我們是否僅須建議自己「再多問些」，就能自動地轉換成提問模式？民眾能否訓練自己，讓自己在重要情況下多深思以及多問問題？有關這點，我採訪了多位心理學家與行為學家，發現大家意見不一。不過有個普遍觀點，認為我們不太能控制自己天生的傾向，亦即若你是衝動做決定的人，或是和人對話時易有情緒性反應，那麼再怎麼訓練，可能也很難改變。你也許可以做好心

理建設，告訴自己在重要時刻要放緩步調，多問一些問題，但是一到了關鍵時刻，往往故態復萌，回到習慣性動作。

不過也有不少專家認為，雖然困難，但不是不可改變。不妨自我打氣，鼓勵自己多問問題，而做到這點也許需要刻意練習，偶爾還得靠外力協助。

外力協助可能以「外部提示」的形式出現，時時提醒你別忘了問問題。想想外科醫師或機師的例子，他們會拿著印出來的清單一一比對重要事項[1]（例如起飛前別忘了做X、Y、Z）；類似的清單也可以提醒我們別忘了提問。提醒也能以搭檔或後援的形式出現，這個人受你信賴與倚重，在關鍵時刻會提醒你：你問了應該問的重要問題了嗎？你也可以和朋友互換角色，主動提議做朋友的後援。

***

說到外部提示，我建議可以使用「問題卡」（Q-cards），可以置於重要位置或隨身攜帶（當然更可以和提問搭檔切磋分享）。這個點子是希望你遇到各種重要情況之前，

使用「問題卡」以便隨身攜帶

本書表格裡的「問題清單」（大約 200 個問題）涵蓋約 30 種不同的工作或生活情況，所有問題組都是可列印的 PDF 格式，請上本書的網址下載，列印並製作你專屬的問題卡。相較於拆了書頁剪下表格，或是在電子書上標示出所有問題，列印的確方便許多。只要前往 amorebeautiful question.com/Q-cards，然後照著上述步驟操作，就能完成列印。

已備妥一些問題，以備不時之需。至於如何列印問題卡，可參見本書網址。

　　把這些問題看成入門學習套組。假以時日，直到提問變成一種習慣，而你也愈來愈清楚哪一類型問題在哪種情況更為有效，這時候你就不用再靠這些問題卡或問題清單了。你可以自行設計適合自己的問題，並把它們放在心裡，你個人清單上的問題會不斷地增加，也會愈來愈精準。

　　當你思考哪些是「漂亮問題」以備不時之需時，牢記本書所提的三個重點，對你也許有所幫助。首先，本書列出的許多問題（特別是「為什麼？」問題）挑戰了遍存的基本預設立場。所以日後你彙整自己的問題清單時，務必要「打破自以為是的預設立場」，這是首要工作之一。

　　另外一個重點是改變視角。許多問題鼓勵你用不同角度看待問題或情況，可能是用別人的角度或是換個時間軸（例如快轉到未來回頭看現在）。

　　第三個重點是打破直覺式反應。本書列出的許多問題鼓勵你考慮更多的可能性，甚至思考抵觸你預期的可能選項。這三個重點──挑戰預設立場、改變視角、考慮與自己想法相左的可能選項，在你思考清單上應該增加哪些問題時，值得你放在心上。

***

為了增加提問的次數，你必須勇於面對「提問的天敵」：恐懼、知識、偏見、傲慢與時間。其實何須擔心自己問出四歲小孩每天都問的「傻」問題，若想克服我們不願做的事，唯一辦法就是行動。

因此這裡提供一個建議：試著在明天中午之前問一個傻問題（至少一個）。不妨從問自己開始：為什麼要喝咖啡？為什麼我每天早上喝咖啡？這整件事怎麼開始的？咖啡的歷史是什麼？膠囊咖啡機何時被發明出來的？我想知道，這項發明始於一個問題嗎？嗯，上 Google 找答案吧⋯⋯。

養成習慣，動不動就問自己這類「初學者心態」的問題，但還要更進一步。為培養問問題的勇氣，你得公開提問。例如在咖啡廳，仔細觀察咖啡師的工作，並有禮地問他：我很好奇你剛煮拿鐵時做的那個動作，你為什麼會那麼做？通常你會發現，打從心底發出的好奇心與興趣其實頗受對方歡迎與肯定。

說到知識、偏見與傲慢問題，這裡給你一個功課：找出一項你自認熟悉的事情，然後證明原來自己錯了。若你野心夠大，不妨參照阿諾・彭齊亞斯提出的「頸要害」問題。每天問自己：為什麼我堅信我相信的東西？專注於某個堅信的想法，然後毫不留情地用問題檢視其成立與否。

養成提問的習慣時，第五個天敵「時間」可能是最難克服的障礙。時間是提問的成本。欲倉促做決定或是不假思索反應前，花些時間停下來思考。一個人坐在室內（或是外出心平氣和地散

步）思考重要問題時，都得花上更長的時間。

承諾花時間在提問上，必須做到以下兩點：「行動中提問」（questioning in action）以及「深思中提問」（questioning in reflection）。前者指的是，在下決定、與人溝通、創作作品、完成工作等行動時，放慢速度提問題。做這些事情時，如果你插入重要的停頓，以便空出時間提問，可能需要更長的時間才能完成上述作業，所以請內建這樣的空檔。

至於深思中提問，難處在於如何抽出時間自問自答。不妨參考康南特的建議，每天早上提早一小時起床，坐在花園裡喝咖啡時深思。利用這段時間思考一些大問題，諸如職業生涯下一步該往哪走、該如何解決眼前的棘手難題。也可參考 Google 高管教練大衛‧彼德森的建議，每天通勤上下班時，花個幾分鐘思考迫在眉睫的問題，或是當天要處理的挑戰等等。幾分鐘乍看之下並不多，但累積下來非常可觀。我的同行麻省理工學院領導力中心執行主任哈爾‧格雷格森（Hal Gregersen）說，如果我們每個人每天花短短四分鐘問自己問題，那麼一年下來，總計有整整 24 小時（亦即一整天）可供你支配問問題。[2]

若你無法在早上提問，可以挪到晚上做，隔天也許會有「這下有啦」的意外收穫。領英共同創辦人雷德‧霍夫曼（Reid Hoffman）習慣每晚睡前花幾分鐘問自己問題，包括碰到的挑戰或難題。[3]霍夫曼發現，問問題往往可獲得洞見與答案，讓這幾分鐘的投資物超所值。

要空出這幾分鐘，不妨減少花在社群媒體的時間，也少看有線電視臺新聞。我們多數人每天花好幾小時閱讀並回應推文、簡訊或頭條新聞。

試著把花在社群媒體與電視媒體的時間挪出 10% 就好。怎麼做？只要找得到暫時能與外界隔絕的地方，類似洞穴、龜殼或森林小徑之類的「祕境」。進去時，千萬別帶著手機，只要帶著問題。

若想養成提問的習慣，得先培養另一個習慣。研究顯示，養成新的習慣（或戒掉老習慣）時，應該有一套獎賞機制。[4] 所以問問自己：我該如何獎賞自己提問？我有兩個建議：一，每次安靜地深思後，才允許自己上網收發電子郵件或使用社群媒體。二，每次想出一個精采又厲害的問題時，犒賞自己一頓邪惡大餐。

若想養成新習慣，也必須從小處做起，每次一小步，循序漸進，讓新的行為一點一點地融入生活。為了幫助你踏出第一步，以下是一些易於落實的提問練習，其中許多練習有助於你將前面章節觸及的想法化成行動。

提問前，該如何暖身？

有人主張，要精進提問技巧，唯一辦法是多問。這也是構思問題以及「問題激盪練習」（question-storming）背後的精

神，目的是培養學員快速而有效提問的能力。我把這類練習應用於企業研習營，發現特別有助於放鬆學員緊繃的提問肌肉（questioning muscles）。此外，這個練習有助於你以不同方式看待問題或挑戰——也就是用問題攻擊痛點。

練習：問題構思技巧

目前市面有多種不同的問題激盪練習，其中最棒的是「問題構思技巧」（Question Formulation Technique，簡稱QFT）[5]，由「問對問題研究所」研發設計。這套練習能以小組方式進行（公司的培訓活動或是學校課堂），也可以一對一練習。步驟如下：

1. **想出一個「問題的焦點」。** 首先你需要一個前提或描述現象的簡短陳述，用兩、三個字寫下重點，作為接下來構思問題的焦點，諸如「技術變革」、「鼓勵好奇心」、「平衡的生活」等等。一開始不要用疑問句作為焦點，圍繞一個短詞或現象會比較容易。

2. **提出問題。** 在限定的時間內（試十分鐘看看）提出問題，盡可能針對問題的焦點寫下愈多問題愈好。這時只要寫出問題，不要有任何意見或答案，也不要思辯哪一個問題最好。現階段就是從不同角度提出愈多問題愈好。

3. **改寫問題。** 接下來開始改寫你寫下來的問題。把封閉式問題變成開放式問題，把開放式問題變成封閉式問

題。例如「平衡的生活是你要的嗎？」可改寫為開放式的問題：「為什麼想要平衡的生活？」這麼做的目的是讓你看到，問題有時候可被縮小範圍，有時也可被擴大範圍。問對問題研究所主任丹恩・羅斯坦（Dan Rothstein）說：「你問問題的方式會導致不同的結果，進而引領你朝不同的方向前進。」

4. **將問題排序。**選出三個你最青睞的問題。鎖定能夠點燃興趣以及打開新思路的問題。

5. **決定後續步驟。**包括你是否願意針對已排序的問題採取行動，以及該怎麼做。（你願意和其他人分享這些被你選出來的問題嗎？願意加以研究以便給個答案嗎？）

6. **深思學到的東西。**花幾分鐘思考「用問題帶出思考力」的感覺，以及深思自己在構思問題的過程中，學到了什麼。（有沒有愈來愈容易列出問題？有沒有發現優化問題的技巧，或是用一個問題帶出另外一個問題的訣竅？）這有助於深化所學的東西，讓你下次再做這個練習時，更能得心應手。

我可以提出更好的問題嗎？

列出問題後，現在要試著優化問題。

練習：優化問題的六種方法

儘管有很多方法可優化改善問題，但以下有六個速成法，可以套用在問題激盪練習時你最青睞的問題上。

1. **打開**。若你要的不只是「是／非」其中一個答案，不妨把封閉式問題變成開放式問題，把問題的問法改成「什麼？」、「為什麼？」、「該如何？」等疑問句。所以與其問：「自去年以來事情有變化嗎？」不如問：「自去年以來事情發生了什麼變化？」

2. **關上**。不過有時候需要關上問題（以便得出簡單的「是／非」其中一個答案），關上問題有助於你找出有瑕疵的預設立場。與其花太多時間思考：「為什麼我們會有這個問題？」不如直接問：「這是問題嗎？」

3. **校準**。精準的問題會得到更好的答案。與其問：「市場上最新的變化會如何影響我們？」不如問：「電子商務的崛起會如何影響我們？」

4. **加問「為什麼？」** 我非常相信「問題背後還有問題」，所以要追根究柢，用問題帶出問題，若想做到這點，可加問「為什麼？」與其問：「你最關切什麼趨勢？」不如問：「你最關切什麼趨勢——以及為什麼？」

5. **軟化**。問題有時會造成衝突與對峙，所以可在問句的開頭加些軟化語氣的短詞，讓對方知道你提問是基於真心感興趣而非想要攻擊或批評。所以與其問：「你為什

麼會那麼做？」不如問：「我很好奇，想知道你為什麼
會採用那種方式？」

6. **中立**。確保問題中立，沒有預設的立場，也不會試圖
引導對方說出你要的答案，這是檢察官與問訊警方可能
會做的事，但我們要避免。讓人不敢苟同的引導式問句：
「那部電影很糟對吧？」這句稍微好些：「你覺得那部電
影不枉費宣傳嗎？」再更好：「你覺得那部電影如何？」

我該如何測試自己內建的 「唬爛偵測器」？

若你想快速提升自己的批判性思考力，試試這個簡短的練
習，以利自己能公允地評估與判斷。

練習：批判性思考力練習

閱讀報紙、部落格上的意見或評論，然後瀏覽以下五個問題：

1. **證據有多強？**列出文章所舉的觀點，然後思考每個觀
點背後的證據：是否出自可靠消息人士？我能確認背後
可能的意圖與動機嗎？

2. **他們沒告訴我什麼？**尋找文章裡缺漏之處──不夠充
分的報導、遺漏的重要細節、相反的觀點等等。

3. **邏輯上站得住腳嗎？**小心提防有缺陷的推理，例如建議你應該因為 B 而相信 A），但實際上 A 與 B 之間的連結可能不堪一擊。

4. **反對意見是什麼？**如果文裡無法清楚看到相左的意見，試著想想反對者會說什麼。如果可以，試著想出一個以上相反的觀點。

5. 練習的結尾是問自己最難的問題：**哪一邊的證據更充分？**考慮了對立觀點後，它們是否比作者的主張更有說服力？還是作者的觀點（即便有瑕疵）依舊成立？批判性思考力的重點之一是能夠做出合理判斷，即便論點的正反兩方都言之有理。

練習：對抗負面想法[6]

嘗試批判性思考其他人的主張後，接下來也用類似的思考力檢視自己的主張，尤其是找出你持負面看法的觀點，然後用問題質疑那個負面看法是否成立，同時也考慮其他正面的看法。把這練習視為藉批判性思考與提問對抗負面的想法。

我們所有人都受到「負面偏誤」的影響，習慣在思考時把過多分量放在負面事件、消極觀點和可能的壞處等等。工作上只要出現挫折，就會忍不住想「我要被解僱了」；聽了某個新聞報導，便深信「這世界糟透了」。

當你浮現這樣的情緒時，把這些想法寫下來當成一個確切的

觀點，並用你的批判性思考問題來驗證它：這主張背後有任何證據可佐證嗎？可靠程度為何？這主張中缺少哪些資訊？這主張就邏輯上合理嗎？反面意見為何？

若這個練習是確認「這世界糟透了」的觀點無誤，那麼你可以輕易找出太多證據反駁這個說法，例如評量全球健康與幸福的各種數據，可證明世界其實一直在進步。[7]問題在於，現今搏眼球的頭條新聞往往聚焦於讓人不快的突發事件以及病態的案件；經典的新聞公式「見到血，才能登頭條」（If it bleeds, it leads）至今仍主導新聞業。作為具批判性思考力的觀眾，我們必須了解，有關世界現狀的報導與資訊多半偏向負面與消極。這麼說並不是在詆毀新聞，只是提醒大家，做判斷與決定時，必須把這偏見納入考慮。

批判性思考力有助於我們消除對世界的負面想法，大家也可藉批判性思考自我療癒，用問題質疑或反駁你對自我的負面看法。心理學家茱蒂絲·貝克（Judith Beck）指出，她的治療方式有一大部分是教導病患質疑自己的負面想法成立與否：我對自己的這些負面感受成立嗎？[8]還有其他方式看待這個情況嗎？

有兩個很棒的問題可以推翻你對自己的負面看法。首先反問自己：如果我最好的朋友對他自己說同樣嫌棄的話，我會對他說什麼？第二個問題是反問自己：今天哪些事進展得不錯？[9]心理學家馬汀·塞利格曼說，每天反問自己一個正向積極的問題，並逼自己給答案，就是排除負面思想的強效解毒劑。

如果我用全新的視角
看待周遭世界會怎樣？

除了用眼看世界，提問也被視為看世界的另一種方式，偏重在引起注意與激發好奇心，而非只是接受。挑戰是：如何讓自己以嶄新眼光看待習以為常的世界？1989 年電影《春風化雨》（*Dead Poets Society*）有一幕是老師站在桌子上，由羅賓・威廉斯（Robin Williams）飾演的教師告訴學生，當你站在桌子上，「世界看起來大不同。」但這可是有風險的，畢竟站立的桌子可能坍塌，所以這裡提供一個較安全的練習，協助你用嶄新視角看事情。

練習：用嶄新方式看事情

1. 用手機拍下你每天看到的事物，包括早餐照、工作地點的特寫照、你去的咖啡廳、健身俱樂部的大廳等等。

2. 仔細觀看照片裡發生了什麼。把焦點從前景的物件或圖案轉移到後景的物件或圖案。放大照片看細節，縮小照片看背景。

3. 嘗試在照片裡找出你從未注意到的三樣東西——小細節、對比、圖案。

4. 將你注意到的這三樣東西一一轉換成問題，然後看看能否在原來的問題上衍生出另一個問題。（為什麼我的

辦公桌一側這麼雜亂，而另一側卻很整齊？這透露出什麼蛛絲馬跡？）

透過上述練習加強自己的注意力，注意到以前沒看見的細節並懂得提問後，進一步試著發現缺失所在。如果你能找出一個可加以改善的缺失，等於穩穩邁向了發揮偉大創意之路。

練習：找出缺失

打理每天的例行公事、行走、舟車往返時，記得隨時做筆記。但這次不是用手機隨機拍照，而是得寫下「困擾」你的大小事：例如抽不出時間看新聞、辦公室大樓的前門很難開、排隊買咖啡的人太多等等。

接下來把這些日常的惱人事轉換成「為什麼？」、「如果……會怎樣？」、「該如何？」等一連串問題。創新者和發明人常常會依序提出這三個問題，解決或改善缺失。[10]這三個問題肩負三個不同的目的：「為什麼？」協助我們了解缺失所在；「如果……會怎樣？」協助我們想出可能的替代方案；「該如何？」這問題更務實、強調行動力，引領我們想出解決辦法。

聚焦在你發現的問題與缺失，先問「為什麼？」並想出愈多問句愈好。（為什麼這個問題會出現？為什麼還沒有人解決？）然後發揮想像力，腦力激盪「如果……會怎樣？」的各種可能

性。（如果我們用了 X 會怎樣？如果我們用了 Y 會怎樣？）下一步選出你最喜歡的「如果……會怎樣？」其中一個問句，重新改寫為「該如何？」問句：我如何接受這個瘋狂的「如果……會怎樣？」想法並將它變成一個專案？我該如何跨出第一步？不管你結束這練習之後，是否會繼續關注這個問題，你可能已經找到了不會動不動就冒火的辦法。

你也可以用「為什麼？」、「如果……會怎樣？」、「該如何？」等問題框架解決家庭或職場遇到的問題。例如：我家人從來沒有一起吃過晚飯，我的部門未能充分參與策略企劃。你會發現這三個按部就班的問題，能幫助你找到可行的解決方案。

練習：靠提問建立連結

雖然我們可能還處於「靠提問激發創意」的模式，底下仍先提供「靠提問建立連結」的練習。（連結是觀察兩個不同的事物然後反問：如果我把這兩個放在一起會怎樣？）這類的組合式思考是許多偉大創意的靈感來源，例如 iPhone 與音樂劇《漢密爾頓》都是這麼誕生的。

此外，2010 年暢銷書《吸血鬼獵人：林肯總統》（*Abraham Lincoln: Vampire Hunter*）的靈感也是這麼來的。該書作者賽斯·葛雷恩 - 史密斯（Seth Grahame-Smith）在逛書店時想到這個點子[11]，他注意到有一區陳列了歷史名人熱門書，附近另一區則擺

放了熱賣的吸血鬼作品，他靈機一動，心想何不將兩者來個混搭。所以這個練習要你走進一家書店（或任何一家商店），試著找出兩個非常不一樣的主題或完全不同類型的物件，但這兩者也許能合併形成一個有趣的混合體。你也可以善用家裡的物品，或是翻閱雜誌尋找可能的組合。

把組合轉化為問題：如果《匈奴王阿提拉》（*Attila the Hun*）被放到矽谷會怎樣？馬鈴薯削皮刀與手套組合起來會怎樣？一旦組合的想法成形，想辦法把它變成問句：這組合有趣之處是什麼？是什麼行不通？有其他類似但也許更有趣的不同組合嗎？即便你想不出什麼有趣的組合，至少你已動腦練習連結。若你認為自己已找到「如果……會怎樣？」的厲害組合，接下來問問自己如何充實這個奇妙想法。

我該如何破冰？

透過提問可以建立並深化與他人的連結。在雞尾酒派對或是形形色色的聚會上（儘管很多是你不認識的陌生人），你都可試著藉提問建立關係。挑戰在於如何打破制式的寒暄習慣（你好嗎？你從事什麼行業？）並試著問得更加深入，讓對方給出更有意義的回覆，甚至是精采的故事。

練習：「打開話題」的問題

參加聚會對任何一人開口前，先問自己：如果我以記者身分參加這個派對，希望能從出席群眾中挖到精采故事，我該怎麼做？

現在開始思考能讓對方說出自己故事的問題。你自己有什麼最喜歡的故事可和他人分享？從這裡出發，想想對方該問什麼問題，才說服得了你開口道出自己的故事？這招可以讓你大致掌握問什麼問題才能讓對方開口。

如果你需要一些多功能例子，以下可供參考：你最近做的事哪個最讓你開心？過去一週你完成哪件你最感興趣的事？如果你有選擇權，你最想邀誰共度一個下午？大可放心使用以上例子，但切勿照本宣科，一字不漏跟著事先擬好的腳本走。你自己也要私藏一些問題，碰到你覺得合適的時候便可派上用場。

一旦主動打開話題，善用工具讓自己能專心而積極地聽，諸如轉述、回音問句等等，一來是澄清資訊，二來表示你的確專心在聽。（你真的爬上最高點嗎？）接著再繼續追問，讓對方說出感受。（你站在上面有什麼感覺？）

由於大家只習慣被陌生人問制式問題，因此聽到你問非制式問題時，臉上的表情可能暗示你：陌生人，你似乎越界囉。若真發生這種情況，你只消說：「我喜歡問這類問題，因為我這麼問，常可聽到有趣的故事。」你為自己不按牌理出牌的瘋狂行徑提出了解釋，現在球到了對方的場子，輪到他做出反應，他可能會想：

我必須講出一個精采的故事！我可不想被認為是個沒故事的人。

額外提示：對話自然而然地從提問轉變為分享你自己的意見與故事，這時要記得不斷地停下來問對方：你覺得怎樣？[12] 這是哈佛大學教育學院院長暨提問專家詹姆斯‧萊恩最喜歡的問題。他說：「這個問題不只有用，也能有效提醒你，務必要徵詢室內其他人的意見。如果你沒有有知有覺地邀請其他人加入，他們可能會保持沉默，這麼一來，對話十之八九會受到影響。」

練習：L.I.F.E. 問題[13]

閣家團聚時，提問有助於炒熱氣氛。L.I.F.E. 練習可以每週在餐桌上登場一次，增進親子關係。做法是喚出小趣事與日常生活故事，建立親密感並共享美好的回憶。輪流問在座每一位家人 L.I.F.E. 的四個問題（一旦家人知道下週日晚上會有 L.I.F.E. 問答遊戲登場，就會開始彙整並記住生活的點滴，在下一次聚會上拿出來和大家分享）。

L. 這星期以來，你心裡有冒出什麼奇怪的芝麻小事嗎（LITTLE）？

我們選擇記住並願意拿出來和他人分享的點滴小事，可構成我們生活的故事線（narrative threads），專注於「奇怪」則有助於吸引孩子的注意力。

I. 你本週學到了什麼資訊（INFORMATION）？

分享你聽到的新聞或學到的新知，既可逗樂他人也加深你對這訊息的印象。

F. 你試著去做哪件事卻以失敗收場？（FAILED）

知名塑身內衣品牌 Spanx 創辦人莎拉・布雷克利，受到這個問題啟發而得到創業靈感[14]，她父親經常在餐桌上問這個問題。習慣性地嘗試錯誤並承認哪裡做得不好需要改進，可以幫助我們了解失敗是人之常情，無須感到恐懼，失敗反而可以幫助我們成為難題解決高手。

E. 這週你有什麼值得紀念的交流（EXCHANGE）？

這問題提醒我們不要侷限於「你好嗎？」的制式問候，偶爾也要主動些，好奇他人有何想法與感受。

練習：用提問取代給意見[15]

這個練習的目的是訓練自己在對話時，使用引導式問題取代給意見。試著與另一半、朋友或同事進行一對一練習。第一步是問對方：你有什麼問題或挑戰希望徵詢別人的意見嗎？當對方道出他們的問題時，別急著給意見，指點他們該怎麼做，應該用問題引導他們自己想辦法解決。

以下幾個問題可供參考：

1. 發生了什麼事？（說說你面臨的挑戰。）

2. 你試過了什麼辦法？

3. 只要有解決辦法，你都願意嘗試，你會試什麼辦法？

4. 還有其他辦法嗎？（如果需要，多問幾次這個問題，讓對方想出更多點子。）

5. 你對哪個選項最感興趣？

6. 什麼原因可能阻礙這個想法？有什麼辦法可以排除？

7. 有什麼辦法可以讓你立刻開始行動？

如果由我面試自己會怎樣？

提問能讓對方說出自己的故事，何不也把這招用在你身上？自問自答可幫助你釐清自己的經歷與背景，確保自己在求職面試、社交聚會、與上司一起搭電梯等場合，或是被問到「介紹一下你自己吧？」時，能精采地說出自己的經歷與故事。

練習：撰寫你自己最棒的故事

你希望的故事須具備以下條件：如實地反映你這個人、你的

成就、你在意的事情、你前進的方向等等，這些也正是求職面試時最常被問的幾個深度問題，有助面試官掌握你的長項、抱負、對自身缺點的認知，以及因應自身缺點之道。所以借用求職面試常問的問題寫出自己最棒的履歷與故事，實屬合情合理。

以下幾個「殺手級面試問題」的靈感，出自於新聞網站「石英」（*Quartz*）一則被企業執行長熱議與轉貼的貼文。[16] 如果你能感動這些主管，你的故事就算是夠精采。以下問題請仔細一一思考，並寫下你的回答，每題不得少於數行。

1. 你喜歡受人尊重還是被人所懼？

2. 你人生最大的夢想是什麼？

3. 你小時候想成為誰或做什麼？

4. 你以前失敗時，你作何反應？

5. 若他人被問到你是怎麼對待他們，你覺得他們會怎麼回答？

除了上述由執行長提出的問題，以下是我個人增列的問題，本書前面幾章已出現過：

6. 你的一句話是什麼？（如果用一句話總結你的人生，那句話是什麼？）

7. 你的那顆網球是什麼？（狗看到網球拚命地追逐，而你追逐的球是什麼？）

8. 你希望自己在哪方面可以變得更好？

對上述所有問題有了答案之後，想想該如何把這些答案織在一起，形成一個故事。如：我是個（填入「一句話」答案）。我一向（填入「網球題」答案）所吸引。小時候，我覺得自己是（填入「小時候題」答案）。

以此類推，進而完成完整而流暢的故事，有開頭、內文、結尾。把故事牢記在腦海，以便隨時可端出完整或部分的自我介紹。

提問能夠讓我的家人關係更緊密嗎？

在領導力的章節裡曾提及，公司裡每一位領導人應該確保轄下單位清楚知道公司的歷史與成立的初衷，明白公司代表的價值，熟悉公司的企業宗旨（提得出問題的話更好）。如果家裡的大家長也這麼做會怎樣？[17] 作家布魯斯・費勒（Bruce Feiler）在他的著作中探討了這個主題，受訪的內容刊登在《紐約時報》專欄作家保羅・蘇利文（Paul Sullivan）的專欄。根據這些資源，以下練習題可以協助你寫出自己的家庭故事，問得出激勵士氣的「家庭使命題」。

練習：寫出家庭故事與成立宗旨

從關注家庭史開始：

· 我們祖先出生在哪裡？他們何時移居到這個國家？

· 我們祖先克服了什麼難題才到達這裡？

· 我們這個家傳承了哪些傳統？這些傳統從何時開始？如何開始？

· 你們知道哪些家庭故事？那我知道嗎？

· 特別是我們這個家族擺脫了哪些困難重新振作？

· 這些年來，家族成員最大的成就是什麼？

· 時至今日，這些故事對我們有何意義？

· 有哪些經典傳世的家族笑料或歌曲？

然後問題的重心轉移至意義與使命：

· 身為這家族的一分子代表什麼意義？

· 你對身為家族一分子的感覺跟我不同嗎？

· 你認識或聽聞過的家族成員中，哪一個你覺得生活得最精采？為什麼？

最後的問題是探索共同的使命感：

· 我們家的價值觀是什麼？

· 這個家除了過好每天的日子之外還想做什麼？我們家
更大的目標是什麼？

· 我們可以為這個家想出何種「我們可以怎樣？」的使
命題？

· 我可以為這個使命與宗旨作何貢獻？

如果我不再下定決心做什麼，改而「反問自己要做什麼」會怎樣？

研究顯示，用提問形式找到要做什麼可能比直接計劃做什麼來得有效。[18] 伊利諾大學（University of Illinois）研究發現，當你試著激勵自己去做一件事時，反問自己（我願意做 X 嗎？我該怎麼做？）效果要比直接說（我要做 X！）更好。

為什麼提問比下決心更能激勵我們？首先，問題比陳述句更具吸引力。問題激勵你（或是挑戰你）深思潛在的解決方案，刺激你的腦部立刻作業。例如，與其下決心說：「我今年要認識更多有趣的人！」不如反問自己：「我今年該如何認識更多有趣的人？」

靠問題較可能刺激思考力，不斷地推估揣摩：嗯，如果我做

X 會怎樣？如果我嘗試 Y 會怎樣？你已開始思考認識更多人的可行辦法。

此外，相較於下決心做什麼事，提問顯得沒那麼嚇人，減輕了給自己的壓力。有些人可能覺得他們需要壓力逼自己行動，但是下決心做什麼的自加壓力鮮少出現立竿見影的結果。看不到結果，會讓我們輕易放棄那些下決心要做的事。反觀提問，較不那麼咄咄逼人，也給了更多的轉圜空間。我們無須立刻給出明確的答案，可以先研究問題，擬定步驟，再按部就班找到答案。

再者，問題比陳述句更容易和人「共享」。沒有人真心想聽你誇誇談論自己下定決心要做什麼了不起的事，但是你可用問題和他人分享（我想知道我可以怎麼做才能把 X 做得更好？我可以如何改善 Y？），邀請對方也跟著思考這個問題，也許能協助你找到答案。

以下這個練習裡，你可以善用提問想出解方（resolution）以期改變自己的行為，我稱這個練習是「提問解方」（questolution）。

練習：建立自己的「提問解方」問題庫

1. 以問題思考提問解方時，可用「我可以怎樣？」之類的問題。（例如：我可以怎樣讓自己多喝水？）

2. 在紙張的最上方以粗體字寫下或列印出問題，然後把這張紙貼在牆上。

3. 每次想到可能有助自己實現目標的想法時，把這想法改成「如果……會怎樣？」的問句形式。（如果我每天攜帶環保瓶上班會怎樣？）然後把這問句寫在「我該如何？」的大項目之下。

4. 你列出一串「如果……會怎樣？」的問題清單，力勸自己採取行動，你可能會發現自己一步步地進步，做到許諾的事情。

我可以怎樣鼓勵他人多提問？

「提問文化」不該僅限於公司或學校，推廣提問文化也不該只是企業執行長或學校校長的職權。若你相信提問力應該被積極推廣，就該肩負起責任，鼓勵周遭人（包括職場的同事、家人、同學、鄰居等等）多多提問。

練習：讓提問有趣又有吸引力

・在家時，每週空出一晚作為「提問之夜」，這時家人只能靠提問彼此交流與溝通。試著想想哪些歌曲的歌名是問句（我列出了問句歌單，可參考 www.amorebeautifulquestion.com /50-question-songs）。至於問題激盪法或是相關的練習活動，可參考

www.questionweek.com/exercises-to-build-your-questioning-muscles，搜尋相關例子。

· 如果你希望鼓勵孩子多提問，不妨說服他們相信，提問很酷。這並不容易，因為許多小孩過了一定歲數後，覺得提問簡直就是「遜」，這時你可以試著點出，他們熱愛的 iPhone、Instagram，以及各式各樣的流行應用軟體，都是從問問題開始（如果他們要求提供具體訊息，你可以從本書的網址找到相關訊息，了解一些流行夯品如何從問問題開始）。你和他們分享這點時，強調問問題的人多半是異議分子、標新立異的獨行俠、喜歡打破規則〔從伊隆·馬斯克到碧昂絲（Beyoncé）都是〕。如果這樣還不夠，你可以指出，許多提問者（尤其在矽谷）可都是當今世上赫赫有名的成功人士，而他們提出的問題功不可沒。

· 不吝讚美小孩或朋友提出的好問題。寫下這個好問題，並貼在冰箱上或上傳社群媒體與好友分享。

· 孩子放學回家後，問他們當天是否提出不錯的問題。這方法的靈感來自於諾貝爾物理學獎得主伊西多·艾薩克·拉比（Isidor Isaac Rabi）的一句話。他透露自己小時候住在布魯克林區，鄰居媽媽在小孩放學回家後都會問：「今天你在學校學到了什麼？」而他的母親卻問他：「小伊，你今天問了一個好問題嗎？」拉比認為，他母親對於提問的看法對他影響甚深，引領他踏上科學之路，成為物理學家。

· 如果你是主管或老闆，請廣徵問題，表現出你真的很看重問題、想洗耳恭聽的態度。碰到提問的人，應考慮

給予獎勵。我演講時，第一個提問的觀眾會免費得到一本我贈送的書。「第一個提問人」勇氣可嘉，讓其他人敢放心地跟進提問。

・有人提出好問題，別只是說「問題不錯喔」。告訴對方為什麼你認為他們問的問題會吸引人或很重要，然後反問他們會怎麼回應，畢竟這問題已有了生命。

我的「漂亮大哉問」是什麼？

世上不乏精采漂亮的問題，這些問題可被一用再用，協助你下決定、創造、與人連結並發揮領導力。此外，還有更多問題等著你自己設計。但我也相信，你應該找出一個你會長期追著不放的問題，姑且稱為「漂亮大哉問」（big beautiful question，簡稱BBQ）。這問題要夠大膽、有雄心且可實踐。

我自己的漂亮大哉問成形於十年前，我問自己：該如何鼓勵大家多多提問？撰寫此書只是仍在摸索與探索該問題的其中一個方式。此外，我也做其他事情，包括訪問各類型組織，推廣並分享提問的竅門與技巧。但我近日特別專注於拜訪學校，花時間和老師交流，希望找出辦法讓提問風氣進入教室，因為我相信，未來世界需要的人才必須具備提問、批判性思考、創新、終生學習等能力，所以學校必須刻不容緩地培養這些能力。

你從哪裡以及可以怎樣找到**自己**的漂亮大哉問？首先確認自

己的興趣與熱情所在。反問自己會被哪些事物感動，非常關切哪些問題，以及自認肩負了什麼使命（請參考第一部有關「網球」的章節，有些問題可以幫助你回答這個）。張大眼睛尋找合適的「難題」，所謂合適指的是能刺激你，以及你有能力用自己的方式「駕馭」它。也許難題近在眼前，但你可能須後退一步才能以全新視角看待它。

你心裡可能已有目標，並已開始積極緊追不放。但你尚未將目標變成問題的形式，不妨嘗試一下。證據顯示，提問有助於你用全新方式思考這個目標，也較易於邀請其他人集思廣益。

你摸索尋找自己的漂亮大哉問時，不妨也用「我可以怎樣？」的格式（How might I），如果是和其他人一起合作完成某個使命，就改問「我們可以怎樣？」（How might we）。這種提問格式非常有用，愈來愈廣為採用，包括技術創新者、以提問為教學基礎的老師、有遠見的人士等等，因為這格式不會侷限問題的答案，又具有可行性。創新公司執行長 IDEO 提姆·布朗（Tim Brown）說，「我可以怎樣？」的格式解放了你，讓你不設限地進行創意思考。[19] 他說：「How 這部分假設存在解決辦法，因此給了你創造的自信。might 表示，我們可以把想法提出來，可能行得通或可能行不通，不管結果如何，都沒關係。」

別害怕建構多層次複合 BBQ 問題。你可能需要一個陽春的原始問題，然後以此為基礎慢慢增建擴大，以便因應龐雜挑戰的不同面向。舉例而言，我一開始的問題後來慢慢加料擴大為：我

可以怎麼鼓勵大家多多提問？可以透過寫作與面對面接觸、參訪企業以及非營利組織，但主要焦點放在教育嗎？用這樣的方式持續擴大問題的長度，用意是提醒自己在重重挑戰下，該將注意力擺在哪幾個重點上。

確認你的 BBQ 有雄心抱負，但避免好高騖遠。若 BBQ 問題像以下這類：我可以怎麼終結所有戰爭，從今天開始行動？你會發現，這不是可行的問題，所以你也不會堅持太久。物理學家愛德華‧威滕（Edward Witten）形容提問時，問題的「甜蜜點」（sweet spot，網球拍或球棒最佳擊球點）在於「夠難（但也夠有趣）值得對方花心思回答，而對方真的回答時，又覺得夠容易。」[20]

如果你是領導人，試著替組織或團隊找到美麗大哉問，具備遠見與前瞻性的問題，能把大家凝聚起來。利用這個機會練習「HMW」問題，這問題囊括了組織未來的目標、夢想以及視野。

一旦你想出漂亮大哉問，把它寫下來，告知親友，上傳到社群媒體，總之盡可能和愈多人分享愈好。你會驚訝地發現，原來大家習慣支持與幫助努力實踐漂亮問題的人。若你想要和本書的讀者分享你的 BBQ，可以上傳到網站上的指定區域，我也會把讀者寄來的一系列各式各樣漂亮問題貼在這裡（請連到 amorebeautifulquestion.com/whats-your-beautiful-question）。如果你尚未想出自己的 BBQ，可上該網址參考其他人的版本，也許可以給你靈感。

最重要的是，想好了自己的 BBQ，一定要堅持到底。在 Google 的時代，我們習慣碰到問題立刻上網找答案，但最好的問題（漂亮的問題），無法透過 Google 得到解答。它們需要另類「搜尋」，需要你踏上提問之旅，並享受解決問題的過程，經歷舉棋不定、輾轉難眠、隨時隨地與它周旋的過程。

致謝

首先我要感謝三個人，多虧他們這本書才能順利出版：編輯喬治‧吉布森（George Gibson）與班‧海曼（Ben Hyman），以及作家經紀人吉姆‧李維（Jim Levine）。喬治鼓勵我為《大哉問時代》寫續集（他是該書編輯，並大力宣傳），吉姆則和布魯姆斯伯里出版社（Bloomsbury Publishing）敲定合約。然後發生了意料之外的事：我完成這本新書之前，喬治離開了長期任職的布魯姆斯伯里，亦即我的新書沒了編輯，成了「孤兒」。所幸布魯姆斯伯里處理得當，讓喬治離職後繼續編輯此書，所以此書沒有被臨時喊卡。出版社另外請班擔任本書的社內編輯。他們兩人合作愉快，還有出色的團隊——布魯姆斯伯里的市場行銷、公關、生產部門員工——作為後盾。

這本書不好寫，因為我試圖涵蓋很多領域。所幸一路下來，

得到許多人協助。尤其要感謝大衛・克利里（David Cleary）、蘿倫・戴爾（Lauren Dial）、馬修・賽恩斯（Marshall Saenz）、艾梅卡・派翠克（Emeka Patrick）等人為本書做了廣泛而詳盡的研究。

感謝所有接受採訪的人。同意接受寫書作家採訪，的確是慷慨之人。畢竟接受新聞媒體採訪能更快也更有效地打響知名度，而書籍作家約訪的對象並不知道該書何時出版或讀者群有多少。但他們還是接受了採訪，因為他們打心底對本書的主題感興趣，也希望能助作者一臂之力。

考慮到這一點，我要一一感謝以下人士，願意撥出時間和我討論提問的重要性，但礙於篇幅，該感謝的不只這些人：亞瑟・艾倫、安吉・摩根、丹尼爾・列維廷、凱瑟琳・米爾克曼、尼爾・布朗、愛德華・赫斯、大衛・博柯斯、亞當・韓森、羅賓・德瑞克、唐・德羅斯比、麥可・邦吉・史戴尼爾、科馬里德・海、湯姆・凱利、卡維姆・達維斯、山下凱斯、麗莎・凱・索羅門（Lisa Kay Solomon）、詹姆斯・萊恩、史蒂芬・斯洛曼、凱薩琳・克羅利、馬修・佛雷、傑伊・海因里希斯、史考特・巴瑞・考夫曼、瑞秋・薩斯曼（Rachel Sussman）、克里斯多福・施羅德、大衛・庫伯里德以及羅恩・傅利曼。感謝布魯斯・毛、強納森・菲爾德、約翰・席利・布朗、艾瑞克・麥瑟爾與我交談之前的著作，並讓我在這本新書裡再次引用他們的看法。喬治・科爾瑞瑟（George Kohlrieser）、南西・凱斯勒（Nancy Kessler）與馬克・史特勞

斯（Mark Strauss）也分享了獨到的見解與素材。

撰寫本書期間，我也去「上學」，參觀課堂與大學研究中心，和學生與教師交談，進行提問練習，並持續學習。在此我要感謝博林格林州立大學、紐約視覺藝術學院（School of Visual Arts）、科羅拉多州立大學波德分校（University of Colorado at boulder）、加州藝術學院（California College of Arts）、南加州大學（University of Southern California）、奧克拉荷馬大學（University of Oklahoma）、馬里蘭藝術學院（Maryland Institute College of Art）、約翰霍普金斯大學（Johns Hopkins University）和紐約大學（New York University）〔尤其感謝盧克‧威廉斯（Luke Williams）〕。

我認為參訪中小學對我受益最大，在此無法一一點名感謝。但我要特別洛杉磯郡教育局（Los Angeles County Office）、紐約市郊威徹斯特郡的公立學校（我在這區的數間學校主持了提問診療室）、布朗克斯區的 CASA 中學（CASA Middle School）〔感謝賈馬爾‧鮑曼（Jamaal Bowman）的邀請〕、喬治亞郊區的卡洛爾郡學校（Carroll County school）、紐約道爾頓學校（Dalton School）、羅耀拉高中（Loyola School）、大道世界學校（Avenues The World School）、柏克夏中學（Berkshire School）、查爾斯河學校（Charles River School）和努艾瓦學校（Nueva School）。感謝這些學校、老師及學生對本書的貢獻，尤其是對我示範了行動中的提問力。

還要感謝邀請我分享提問技巧的政府單位與民間企業，由於太多無法一一點名，但有些特別突出，非提不可：百事可樂（Pepsico）、諾和諾德（Novo Nordisk）、波音（Boeing）、香奈兒（Chanel）與甲骨文（Oracle）。此外，我也感謝美國航太總署（NASA）邀請我，和全球頂尖的科學腦討論提問的重要性。

　　我也要向同為「提問專家」的同仁致意，首先是任職於「問對問題研究所」的丹恩‧羅斯坦與盧斯‧山塔那（Luz Santana）。他們不遺餘力支持我的工作（我也對他們禮尚往來），並提供重要訊息與人脈。此外，兩人每年協助我主辦「提問週」活動。感激美國有線電視新聞網（CNN）前主播法蘭克‧賽斯諾，他是《精準提問的力量》的作者，力倡在喬治華盛頓大學（George Washington University）開設提問相關課程。麻省理工學院的哈爾‧格雷格森與作家梅若里‧亞當斯（Marilee Adams）都是這個領域的先驅。鮑伯‧提德（Bob Tiede）的部落格「用問題領導」（Leading with Questions）內含無價的資源。作家艾德加‧施恩與他的著作《MIT最打動人心的溝通課》都發揮了極大影響力。我持續擴大人脈，結交新朋友，認識了艾琳‧吉布（Aileen Gibb）、杰拉德‧塞尼西（Gerard Senehi）和庫爾特‧馬登（Kurt Madden），三位都是這個領域的專家。我們的圈子不斷擴大，現在該是讓提問學（questionology）成為官方認可之事。

　　簡略列出幾本對本書影響甚巨的書目。首先是丹尼爾‧康納曼的《快思慢想》、希斯兄弟合著的《零偏見決斷法》、凱利兄

弟合著的《創意自信帶來力量》、愛德華・赫斯與凱瑟琳・路德維希（Katherine Ludwig）合著的《謙遜是新式聰明》、葛瑞格・麥基昂的《少，但是更好》、伊恩・萊斯里的《重拾好奇心》、尼爾・布朗的《看穿假象、理智發聲，從問對問題開始》、卡爾・薩根的《魔鬼盤據的世界：薩根談 UFO、占星與靈異》、馬克・葛斯登的《先傾聽就能說服任何人》。

我也倚賴以下專家的研究與著作：理查・賴瑞克、傑克・索爾、凱瑟琳・米爾克曼、約翰・佩恩、雪朗・蘭加納斯、金慶希、伊桑・克羅斯、艾蜜莉・艾斯法哈尼・史密斯、馬汀・塞利格曼、丹・艾瑞利、約翰・哈蒙德、拉爾夫・基尼和霍華德・瑞法、米哈里・契克森米哈伊、保羅・史隆、丹尼爾・品克、伊莉莎白・吉爾伯特、卡爾・紐波特、丹・洛克威爾（Dan Rockwell）、史考特・貝爾斯基、批判性思考基金會的理查・保羅博士（已故）、理性應用中心的茱莉亞・嘉麗夫。

本書有關創造力的部分，我深受以下多位藝術家的作品以及睿智談話的啟發：約翰・克里斯、林 - 馬努艾爾・米蘭達、林恩・納塔吉、安・帕契特、麥克・柏比葛利亞、喬治・卡林（已故）。也感謝卡林的女兒凱莉，透露了有關她父親針對提問方式的一些內情。

感謝雜誌《快企業》與《哈佛商業評論》（*Harvard Business Review*），刊登我有關提問的文章與貼文。感謝《石英》雜誌發表我有關批判性思考的文章。感謝《今日心理學》（*Psychology*

Today）提供平台，讓我的「提問專家」部落格可以見光。

我也要感謝所有針對提問、好奇心、創意思維發表的精采貼文與文章，以及刊登這些內容的媒體與部落格。尤其感謝《紐約時報》、《連線》雜誌（Wired）、《歐普拉雜誌》（該雜誌將2018 年指定為「大哉問年」）、網站 Big Think、瑪麗亞‧波波娃的網站「搜奇網」、沙恩‧帕里什（Shane Parrish）的部落格「法南街」（Farnam Street）、艾瑞克‧巴克（Eric Barker）的部落格「吠錯樹」（Barking Up the Wrong Tree）。

特別感謝我所住社區的馬丁尼俱樂部及其老闆班‧齊佛（Ben Cheever），陪我走過寫作的歷程，不斷鼓勵我、給予精神上的支持，也提供亨利爵士（Hendrick's）琴酒替我打氣。由衷感謝芭芭拉（Barbara Berger）、華特（Walter Berger）、凱西（Kathy Berger）以及岳父一家人。並特別向已故勞倫斯‧凱利（Lawrence Kelly）致意，他從不輕易屈服的父親身上學會「不斷地問為什麼」。

最後我要感謝我工作和生活中最重要的另一半──蘿拉‧凱利（Laura E. Kelly），她是我的妻子、創意夥伴、事業夥伴、不缺席的伴侶以及相互提問的同伴。這本書從開始到完成，她都積極地參與，一如之前也是這麼對待我所有作品。多年前，我問了她一個漂亮問題：妳願意陪我繼續走這條路嗎？謝天謝地，她答應了。

　　　　　　　　　　　　　　　　　　從 Q 到 Q+

注釋

前言：為什麼提問？

1. Warren Berger, "The Power of Why and What If?," *New York Times*, July 3, 2016.

2. Karen Huang, Michael Yeomans, Alison Wood Brooks, Julia Minson, and Francesca Gino, "It Doesn't Hurt to Ask: Question Asking Increases Liking," *Journal of Personality and Social Psychology* Vol. 113, mentioned in the *Boston Globe* Ideas column by Kevin Lewis, May 12, 2017, www.bostonglobe.com/ideas/2017/05/12/nYdE1qm6gpihhxChjdrpXP/story.html.

3. Daniel Kahneman, *Thinking, Fast and Slow* (New York: Farrar Strauss and Giroux, 2011).

4. Paul Harris, *Trusting What You're Told: How Children Learn from Others* (Boston: Harvard Press, 2012). Studies also cited in the article "Mothers Asked Nearly 300 Questions a Day, Study Finds," *Telegraph*, March 28, 2013.

5. 同上。

6. "The Power of the Question," Liesl Gloecker, *The Swaddle* (blog), March 3, 2017, www.theswaddle.com/how-to-stimulate-curiosity-questions.

7. 同上。

8. Right Question Institute study based on question-asking data gathered by the National Center for Education Statistics for the 2009 Nation's Report Card. For more on the study, see www.rightquestion.org.

9. This is a widely used term. A recent article on the subject: www.scientificamerican.com/article/you-don-t-know-as-much-as-you-think-false-expertise.

10. From *Brain Droppings*, by George Carlin (New York: Hyperion, 1997).

11. From *Steve Jobs: The Lost Interview*, a documentary released to theaters in 2012 consisting of an original seventy-minute interview that Steve Jobs gave to Robert X. Cringely in 1995 for the Oregon Public Broadcasting documentary, *Triumph of the Nerds*.

12. From Elie Wiesel's essay "The Loneliness of Moses" in *Loneliness* by Leroy S. Rouner (Boston: University of Notre Dame Press, 1998); quoted by Maria Popova in "Loneliness of Leadership, How Our Questions Unite Us, and How Our Answers Divide Us," *Brain Pickings*, May 29, 2017, www.brainpickings.org/2017/05/29/elie-wiesel-the-loneliness-of-moses.

13. Scott Stossel, "What Makes Us Happy, Revisited," *Atlantic*, May 2013.

14. Krista Tippett, *Becoming Wise: An Inquiry into the Mystery and Art of Living* (New York: Penguin Press, 2016).

15. Carl Sagan's last interview in 1996 on *Charlie Rose*. Available on YouTube:www.youtube.com/watch?v=U8HEwO-2L4w.

16. From my interview with Daniel J. Levitin in Apr. 2017, and from his August 2014 Talks at Google, "The Organized Mind: Thinking Straight in the Age of Information Overload," www.youtube.com/watch?v=aR1TNEHRY-U, uploaded Oct. 28, 2014. These themes are also covered in Levitin's book *Weaponized Lies: How to Think Critically in the Post-Truth Era* (New York: Dutton, 2016).

17. Sagan's Baloney Detection Kit was featured on *Brain Pickings* on Jan. 3, 2014, in Maria Popova's "The Baloney Detection Kit: Carl Sagan's Rules for Bullshit-Busting and Critical Thinking," www.brainpickings.org/2014/01/03/baloney-detection-kit-carl-sagan, which excerpted it from Sagan's *The Demon-Haunted World: Science as a Candle in the Dark* (New York: Ballantine, 1996).

第一部：透過提問，做出更好的決定

1. From my interview with Katherine Milkman of the University of Pennsylvania, Sept. 2017.

2. From my email exchanges and interview with Daniel Levitin, Apr. 2017. Levitin also covers this theme in his book *Weaponized Lies*.

3. Mike Whitaker's advice in Stephanie Vozza's "How Successful People Make Decisions Differently," *Fast Company*, Aug. 7, 2017.

4. From my interviews with Steve Quatrano of the Right Question Institute, at various points in 2014 and 2015. This quote also appeared in *A More Beautiful Question*.

5. From my interview with Levitin, Apr. 2017.

6. Jack B. Soll, Katherine Milkman, and John Payne, "Outsmart Your Own Biases," *Harvard Business Review*, May 2015.

7. John S. Hammond, Ralph L. Keeney, and Howard Raiffa, "The Hidden Traps of Decision Making," *Harvard Business Review*, Jan. 2006.

8. Daniel Kahneman, "Don't Blink! The Hazards of Confidence," *New York Times Magazine*, Oct. 19, 2011.

9. 同上。

10. Nelson Granados, "How Facebook Biases Your News Feed," *Forbes*, Jun. 30, 2016.

11. Arno Penzias said this at a Fast Company conference, and it was reported in *The Art of Powerful Questions* by Eric E. Vogt, Juanita Brown, and David Isaacs of the World Café (Whole Systems Associates: Mill Valley, CA, 2003).

12. Daniel Pink shared this question during an online interview with Adam Grant, conducted Aug. 2015 on Parlio.com, www.parlio.com/qa/daniel-pink.

13. Ben Tappin, Leslie Van Der Leer, and Ryan McKay, "Your Opinion is Set in Stone," Gray Matter, *New York Times*, May 28, 2017.

14. Richard Larrick, "Debiasing," a chapter in the *Blackwell Handbook of Judgment and Decision Making* (New York: Wiley- Blackwell, 2004).

15. "The Opposite" aired May 19, 1994, the twenty-first episode of the fifth season of *Seinfeld*. The idea originates when Jerry suggests to George, "If every instinct you have

is wrong, then the opposite would be right."

16. From my interview with Daniel J. Levitin, Apr. 2017. Unless otherwise indicated, all quotes from Levitin in this chapter are from that interview.

17. From Julia Galef's TED Talk, "Why You Think You're Right Even When You're Wrong," Mar. 9, 2017, www.ted.com/talks/julia_galef_why_you_think_you_re_right_even_if_you_re_wrong.

18. Thomas Friedman, "How to Get a Job at Google," *New York Times*, Feb. 22, 2014.

19. Cindy Lamothe, "How 'Intellectual Humility' Can Make You a Better Person," The Cut, Feb. 3, 2017, www.thecut.com/2017/02/how-intellectual-humility-can-make-you-a-better-person.html.

20. From my interview conducted with Edward Hess, Nov. 2017. Hess is also quoted from a podcast interview with Knowledge@Wharton, Jan. 24, 2017. www.knowledge.wharton. upenn.edu/article/why-smart-machines-will-boost-emotional-intelligence.

21. Christopher Schroeder shared this question during my interview with him in Oct. 2017.

22. From Julia Galef's TED Talk "Why You Think You're Right . . . ," Mar. 9, 2017.

23. From my interview conducted with Neil Browne at Bowling Green State College in Feb. 2017.

24. The five critical thinking questions featured are based on my interviews with Neil Browne and also drawn from his book *Asking the Right Questions: A Guide to Critical Thinking*, coauthored with Stuart Keeley (London: Pearson, 2007), as well as from my interviews with Daniel Levitin, and from the chapter on critical thinking/baloney detection in Carl Sagan's 1996 book, *The Demon-Haunted World: Science as a Candle in the Dark*.

25. Featured on Maria Popova's Brain Pickings blog, Jan. 3, 2014, www.brainpickings. org/2014/01/03/baloney-detection-kit-carl-sagan/, which excerpted it from Sagan's book *The Demon-Haunted World*.

26. Dr. Richard Paul's thoughts on critical thinking are featured at the website for his Foundation for Critical Thinking (www.criticalthinking.org), and in Dr. Paul's talks available on YouTube, including "Critical Thinking: Standards of Thought," www. youtube.com/watch?v=gNCOOUK-bMQ. "Weak-sense critical thinking" is also discussed in Neil Browne's *Asking the Right Questions*.

27. Daniel Kahneman, "Don't Blink! The Hazards of Confidence," *New York Times Magazine*, Oct. 19, 2011.

28.Jack B. Soll, Katherine Milkman, and John Payne, "Outsmart Your Own Biases," *Harvard Business Review*, May 2015.

29. Chip and Dan Heath, *Decisive: How to Make Better Decisions in Life and Work* (New York: Currency, 2013).

30. from "Outsmart Your Own Biases," *Harvard Business Review*, May 2015.

31. From Paul Sloane's blog, *Destination Innovation*, "Got a Big Decision to Make? Try the Three by Three Method," May 2017, www.destination-innovation.com/got-big-decision-make-try-three-three-method.

32. Chip and Dan Heath, *Decisive: How to Make Better Decisions in Life and Work*.

33. Dan Ariely, "A Simple Mind Trick Will Help You Think More Rationally," Big Think, www.bigthink.com/videos/dan-ariely-on-how-to-be-more-rational.

34. Chip and Dan Heath, *Decisive: How to Make Better Decisions in Life and Work*.

35. Ethan Kross's research on using the third person to make decisions is covered in a number of articles, including Pamela Weintraub's "The Voice of Reason," *Psychology Today*, May 4, 2015, www.psychologytoday.com/articles/201505/the-voice-reason.

36. This anecdote involving Intel cofounders Andrew Grove and Gordon Moore has been widely reported. When Grove died last year, it appeared in a number of obituaries, including one by Phil Rosenthal, "What the Late Intel Boss Andrew Grove Can Teach about Managing," *Chicago Tribune*, Mar. 22, 2016.

37. Dave LaHote, "Improvement for the Sake of Improvement Means Nothing," *The Lean Post* (blog of the Lean Enterprise Institute), Apr. 4, 2014, www.lean.org/LeanPost/Posting.cfm?LeanPostId=179.

38. From Amazon CEO Jeff Bezos's "2016 Letter to Shareholders," Apr. 12, 2017, www.amazon.com/p/feature/z6o9g6sysxur57t.

39. Various sources, including Marcia Reynolds, "When You Should Never Make a Decision," *Psychology Today*, Apr. 17, 2014. Also covered in Daniel Kahneman's book *Thinking, Fast and Slow* (New York: Farrar Strauss and Giroux, 2011).

40. A variation of this question is found in T. A. Frank, "The Fine Art of Making the

Right Decision," *Monday* (an online magazine from The Drucker Institute), Jan.–Feb. 2017.

41. Todd Henry shared this question and other quotes on Srini Rao's *Unmistakable Creative* podcast episode titled "Todd Henry: Becoming the Leader Creative People Need," www.unmistakablecreative.com/podcast/todd-henry-becoming-leader-creative-people-need.

42. From my interview conducted with Khemaridh Hy, May 2017. Unless otherwise indicated, other quotes from Hy in this chapter are from this interview.

43. Heather Long, "Meet Khe Hy, the Oprah for Millennials," CNN Money, Dec. 31, 2016. money.cnn.com/2016/12/30/news/economy/khemaridh-hy-rad-reads-oprah-for-millennials/index.html.

44. Hara Estroff Marano, "Our Brain's Negative Bias," *Psychology Today*, June 20, 2003.

45. James Ball, "Sept. 11's Indirect Toll: Road Deaths Linked to Fearful Fliers," *Guardian*, Sept. 5, 2011.

46. From my fall 2017 series of interviews with Adam Hansen, coauthor of *Outsmart Your Instincts: How the Behavioral Innovation ™ Approach Drives Your Company Forward* by Adam Hansen, Edward Harrington, and Beth Storz (Minneapolis: Forness Press, 2017). Unless otherwise indicated, subsequent quotes from Hansen in this chapter are from this interview.

47. These tips are extracted from my interview with Keoghan for the book *No Opportunity Wasted* (New York: Rodale, 2004).

48. Curt Rosengren, "8 Fear-Busting Ques- tions," *Passion Catalyst* (blog), www.passioncatalyst.com/newsletter/archive/fear.htm.

49. The benefits of asking this question are discussed by Eric Barker in "Stoicism Reveals 4 Rituals That Will Make You Mentally Strong," *Barking Up the Wrong Tree* blog, Dec. 2016 www.bakadesuyo.com/2016/12/mentally-strong/.

50. From my interview with Jonathan Fields in 2013 for *A More Beautiful Question*. A couple of Fields's comments here origi- nally appeared in that book, as well as in my Mar. 10, 2014 post for *Fast Company*, "Scared of Failing? Ask Yourself These 6 Fear-Killing Questions," www.fastcodesign.com/3027404/scared-of-failing-ask-yourself-these-6-fear-

killing-questions.

51. Gary Klein, "Performing a Project Premortem," *Harvard Business Review*, Sept. 2007, www.hbr.org/2007/09/performing-a-project-premortem.

52. Also from my 2013 interview with Jonathan Fields.

53. This question, also featured in *A More Beautiful Question*, was used in a slightly different version by Pastor Robert H. Schuller in *Possibility Thinking: What Great Thing Would You Attempt . . . If You Knew You Could Not Fail?* (Chicago: Nightingale-Conant Corp., 1971). The question, worded as "What would you attempt to do if you knew you could not fail?," was also featured in Regina Dugan's March 2012 TED Talk, "From Mach 20 Glider to Hummingbird Drone" www.ted.com/talks/regina_dugan_from_mach_20_glider_to_humming_bird_drone.

54. From my interview conducted in 2013 with John Seely Brown, also taken from an article by Brown and Douglas Thomas, "Cultivating the Imagination: Building Learning Environments for Innovation," *Teachers College Record*, Feb. 17, 2011, www.newcultureoflearning.com/TCR.pdf.

55. Ron Lieber, " 'What Would You Do If You Weren't Afraid?' and 4 Money Questions from Readers," Your Money, *New York Times*, Sept. 2, 2016, www.nytimes.com/2016/09/03/your-money/what-if-you-werent-afraid-and-4-more-money-questions-from-readers.html.

56. 同上。

57. Levitt's study is described in a column by Arthur C. Brooks, "Nobody Here but Us Chickens," *New York Times*, Jul. 22, 2017.

58. 同上。

59. This is story is told by Julia Galef in a video titled "Decision Making: Reframing," featured on the Center for Applied Rationality website. (www.rationality.org/resources/videos.)

60. Ed Batista, "Stop Worrying about Making the Right Decision," *Harvard Business Review*, Nov. 8, 2013.

61. Rob Walker, "Finding a New Direction When a Plum Job Turns Sour," from Walker's Workolo- gist column, *New York Times*, Apr. 17, 2016.

62. From Dan Gilbert's March 2014 TED Talk, "The Psychology of Your Future Self,"

www.ted.com/talks/dan_gilbert_you_are_always_changing.

63. Adam Grant, "Which Company is Right for You?," *New York Times*, Dec. 20, 2015. (Additional quotes by Grant in this section are from this article.)

64. Ron Friedman is quoted in Ron Carucci's "Before You Accept That Job Offer, Make Sure the Company Does These 3 Things Well," *Forbes*, Jul. 27, 2016, www.forbes.com/sites/roncarucci/2016/07/27/before-you-accept-that-job-offer-make-sure-the-company-does-these-3-things-well.

65. Ayelet Fishbach, "In Choosing a Job, Focus on the Fun," *New York Times*, Jan. 13, 2017. (Other quotes from Fishbach are from the same article.)

66. All quotes from Joseph Badaracco in this section are from a post by Jared Lindzon, "Ask Yourself These 5 Questions before Making Any Major Decisions," *Fast Company*, Aug. 15, 2016. www.fastcompany.com/3062721/ask-yourself-these-five-questions-before-making-any-major-decisions.

67. This question was shared by Michael Bungay Stanier during my interview conducted with him Sept. 2017.

68. Dan Ariely shared this question during an interview with Ron Friedman during the Peak Work Performance Summit (www.thepeakworkperformance summit.com). It is also discussed on Dan Ariely's website: www.danariely.com/2014/08/30/ask-ariely-on-mandatory-meetings-the-meaning-of-free-will-and-macroeconomist-musings.

69. Carl Richards, "A Life Full of Experiences May Not Mean Less Financial Security," Your Money, *New York Times*, May 24, 2016.

70. This question from John Hagel also appeared in *A More Beautiful Question*, and originated in Hagel's post "The Labor Day Manifesto of the Passionate Creative Worker," *Edge Perspectives with John Hagel* (blog), Sept. 2012, www.edgeperspectives.typepad.com/edge_perspectives/2012/09/the-labor-day-manifesto-of-the-passionate-creative-worker.html.

71. Cal Newport said this to Dr. Scott Barry Kaufman on Kaufman's *The Psychology Podcast*, Episode 47: "Deep Work," www.acast.com/thepsychologypodcast/dr-cal-newport-on-deep-work.

72. OWN's Super Soul Sessions, "The Advice Elizabeth Gilbert Won't Give Anymore," Oct. 13, 2015, www.oprah.com/own-supersoulsessions/the-advice-elizabeth-gilbert-wont-

give-anymore_1.

73. Drew Houston's comments excerpted from his commencement speech at Massachusetts Institute of Technology, Jun. 7, 2013.

74. Martin Seligman discusses this in Julie Scelfo, "The Happy Factor: Practicing the Art of Well-Being," *New York Times*, April 9, 2017.

75. This question was shared by Keith Yamashita during my 2013 interview with him for *A More Beautiful Question*.

76. Tom Rath, *StrengthsFinder 2.0* (New York: Gallup Press, 2007).

77. Greg McKeown, "How to Design Your Life's Mission into Your Career," posted Nov. 27, 2014 on McKeown's blog, www.gregmckeown.com/blog/design-lifes-mission-career/.

78. From my 2012 interview with Dr. Eric Maisel for *A More Beautiful Question*.

79. Mark Manson, "7 Strange Questions That Help You Find Your Life Purpose," posted Sept. 18, 2014 on Manson's blog, www.markmanson.net/life-purpose.net.

80. Mihaly Csikszentmahalyi, *Flow: The Psychology of Optimal Experience* (New York: Harper & Row, 1990).

81. David Brooks, "The Summoned Self," *New York Times*, Aug. 2, 2010, www.nytimes.com/2010/08/03/opinion/03brooks.html.

82. Angela Duckworth, "No Passion? Don't Panic," Preoccupations, *New York Times*, Jun. 5, 2016.

83. Daniel Pink shared this during his interview with Ron Friedman during the 2017 Peak Performance Summit.

84. From Newport's discussion with Scott Barry Kaufman on *The Psychology Podcast*, episode 47.

85. From Manson's post "7 Strange Questions That Help You Find Your Life Purpose."

86. Pink's quotes, plus the original quote by Clare Booth Luce, drawn from Daniel Pink's *Drive: The Surprising Truth about What Motivates Us* (New York: Riverhead Books, 2009). This question and the description of its origin also was featured in *A More Beautiful Question*.

第二部：透過提問，激發無限創造力

1. Kelley's story comes from my Sept. 2017 interview with Tom Kelley, earlier interviews (between 2008 and 2012) with Tom Kelley and David Kelley, plus their book *Creative Confidence: Unleashing the Creative Potential Within Us All* (New York: Crown Business, 2013). See also David Kelley's 2012 TED Talk "How to Build Your Creative Confidence," www.ted.com/talks/david_kelley_how_to_build_your_creative_confidence.

2. Linda Tischler, "IDEO's David Kelley on Design Thinking," *Fast Company*, Feb. 1, 2009, www.fastcodesign.com/1139331/ideos-david-kelley-design-thinking.

3. Tom Kelley and David Kelley, *Creative Confidence*.

4. Girija Kaimal, Kendra Ray, and Juan Muniz, "Reduction of Cortisol Levels and Participants' Responses Following Art Making," *Art Therapy: Journal of the American Art Therapy Association*, Vol. 33, Apr. 2016.

5. Phyllis Korkki, *The Big Thing: How to Complete Your Creative Project Even if You're a Lazy, Self-Doubting Procrastinator Like Me* (New York: Harper, 2016).

6. Mihaly Csikszentmihalyi, *Creativity: The Work and Lives of 91 Eminent People* (New York: HarperCollins, 1996).

7. Quote from poet and author Kwame Dawes, drawn from Jeremy Adam Smith, Jason Marsh, "Why We Make Art," *Greater Good Magazine*, Dec. 1, 2008, www.greatergood.berkeley.edu/article/item/why_we_make_art.

8. 同上。

9. Cal Newport said this to Dr. Scott Barry Kaufman on Kaufman's *The Psychology Podcast*, Episode 47: "Deep Work," www.acast.com/thepsychology-podcast/dr-cal-newport-on-deep-work.

10. from my Sept. 2017 interview with David Burkus, also discussed in his book *The Myths of Creativity: The Truth About How Innovative Companies and People Generate Great Ideas* (New York: Jossey-Boss, 2015). Unless otherwise indicated, all quotes in this chapter from Burkus are from this interview.

11. From *Creative Confidence*. Brené Brown has talked about creative scars on Elizabeth Gilbert's *Magic Lessons* podcast.

12. Thomas Oppong, "To Get More Creative, Become Less Judgmental," *The Mission* (blog), Nov. 19, 2017. www.medium.com/the-mission/to-get-more-creative-become-less-judgemental-14413a575fa9.

13. Unless otherwise indicated, all of Fadell's quotes in this chapter are from his May 2012 talk at the 99U conference titled "Tony Fadell on Setting Constraints, Ignoring Experts, and Embracing Self-Doubt," www.99u.adobe.com/videos/7185/tony-fadell-on-setting-constraints-ignoring-experts-embracing-self-doubt.

14. Blake Ross, "Lin-Manuel Miranda Goes Crazy for House and Hamilton," Playbill, Sept. 21, 2009, and many other sources.

15. Rebecca Mead, "All about the Hamiltons," *New Yorker*, Feb. 9, 2015.

16. Quote from the designer Saul Bass is from his 1968 short film, "Why Man Creates." www.fastcodesign.com/3049941/watch-legendary-designer-saul-bass-explains-why-we-create.

17. Rebecca Mead, "All About the Hamiltons."

18. This term was used and defined in John Thackara's book *In the Bubble: Designing in a Complex World* (Cambridge: MIT Press, 2005).

19. Oliver Sacks, from the essay "The Creative Self," in the posthumous book *The River of Consciousness* (New York: Knopf, 2017).

20. Csikszentmi-halyi and Getzel's study is described in Maria Popova's interview of Daniel Pink in "Ambiverts, Problem-Finders and the Surprising Psychology of Making Your Ideas Happen," *BrainPickings*, Feb. 1, 2013. www.brainpickings.org/2013/02/01/dan-pink-to-sell-is-human/.

21. Blake Ross, "Lin-Manuel Miranda Goes Crazy for *House* and Hamilton," Playbill, Sept. 21, 2009.

22. "Tony Fadell on Setting Constraints," 2012 99U Conference.

23. From my interview with Adam Grant, Sept. 2017. Unless otherwise indicated, all quotes from Grant in this chapter are from this interview.

24. Anthony Breznican, "Dennis Lehane's Place in the Sun," *Entertainment Weekly*, May 12, 2017.

25. Robert I. Sutton, *Weird Ideas That Work: 11 and ½ Practices for Promoting, Managing*

and Sustaining Innovation (New York: The Free Press, 2000).

26. From Bezos's "2016 Letter to Shareholders," Apr. 12, 2017, www.amazon.com/p/feature/z608g6sysxur57t.

27. Thomas Wedell-Wedellsborg, "Are You Solving the Right Problems," *Harvard Business Review*, Jan.–Feb. 2017.

28. From Todd Henry's interview on Srini Rao's *Unmistakable Creative* podcast episode titled: "Harnessing the Power of Your Authentic Voice with Todd Henry," https://unmistakablecreative.com/podcast/harnessing-the-power-of-your-authentic-voice-with-todd-henry/.

29. Amy Tan, "Where Does Creativity Hide?" TED Talk, Feb. 2008, www.ted.com/talks/amy_tan_on_ creativity.

30. Edward Delman, "How Lin-Manuel Miranda Shapes History," *Atlantic*, Sept. 29, 2015, www.theatlantic.com/entertainment/archive/2015/09/lin-manuel-miranda-hamilton/408019.

31. KH Kim, *The Creativity Challenge: How We Can Recapture American Innovation* (Amherst, NY: Prometheus Books, 2016).

32. John Kounios, "Eureka? Yes, Eureka!" Gray Matter, *New York Times*, Jun. 11, 2017.

33. Camille Sweeney and Josh Gosfield quoting Laura Linney in *The Art of Doing: How Superachievers Do What They Do and How They Do It So Well* (New York: Plume, 2013).

34. Cleese has discussed this in speeches on creativity, as noted in Chris Higgins, "John Cleese: Create a Tortoise Enclosure for Your Mind," Mental Floss, Nov. 11, 2009.

35. Scott Adams, "Creativity Hack," Aug. 18, 2014, www.blog.dilbert.com/2014/08/18/creativity-hack.

36. Cal Newport said this to Dr. Scott Barry Kaufman on Kaufman's *The Psychology Podcast*, Episode 47: "Deep Work," www.acast.com/thepsychologypodcast/dr-cal-newport-on-deep-work.

37. Andrew Sullivan, "I Used to Be a Human Being," *New York* magazine, Sept. 19, 2016 issue.

38. Stefan Sagmeister said this to me in my 2008 interview with him for my book *Glimmer* (New York: Penguin Press, 2009).

39. Matthew B. Crawford, "The Cost of Paying Attention," *New York Times*, Mar. 7, 2015, www.nytimes.com/2015/03/08/opinion/sunday/the-cost-of-paying-attention.html.

40. Cal Newport said this to Dr. Scott Barry Kaufman on Kaufman's *The Psychology Podcast*, Episode 47: "Deep Work," www.acast.com/thepsychology-podcast/dr-cal-newport-on-deep-work.

41. Khe Hy shared these tips with me during my May 2017 interview with him.

42. Clive Thompson, "How Being Bored Out of Your Mind Makes You More Creative," *Wired*, Jan. 25, 2017, www.wired.com/2017/01/clive-thompson-7.

43. 同上。

44. Paul Graham in a July 2009 post on his blog: "Maker's Schedule, Manager's Schedule," www.paulgraham.com/makersschedule.html, Jul. 2009.

45. Dan Ariely, "Forget Work-Life Balance. The Question is Rest Versus Effort," Big Think, www.bigthink.com/in-their-own-words/forget-work-life-balance-the-question-is-rest-versus-effort.

46. From Todd Henry's interview with Ron Friedman during the 2017 Peak Work Performance Summit. www.thepeakworkperformancesummit.com/.

47. from Pink's 2009 book Drive; also discussed in his new book, *When: Scientific Secrets of Perfect Timing* (New York: Riverhead Books, 2018).

48. Paul Thagard, "Daily Routines of Creative People," *Psychology Today*, Apr. 27, 2017, www.psychologytoday.com/blog/hot-thought/201704/daily-routines-creative-people; analysis of Mason Currey's book *Daily Rituals: How Artists Work* (New York: Knopf, 2013).

49. Dorothea Brande, *Becoming a Writer*. This book was originally published in 1934, and has been subsequently republished by Tarcher-Perigee in 1981, and by other publishers.

50. Jessie Van Amburg, "Elizabeth Gilbert Never Imagined Being a Childless Adult," *Time*, Nov. 25, 2016.

51. From my interview with Kaufman in July 2017.

52. KH Kim, *The Creativity Challenge: How We Can Recapture American Innovation*.

53. Marc Myers, *Anatomy of a Song: The Oral History of 45 Iconic Hits That Changed Rock, R&B and Pop* (New York: Grove Press, 2016).

54. Scott Adams, "Creativity Hack," Aug. 18, 2014, www.blog.dilbert.com/2014/08/18/creativity-hack.

55. Hugh Hart, "7 Pieces of 'Damn Good' Creative Advice From '60s Ad Man George Lois," *Fast Company*, Mar. 22, 2012, www.fastcompany.com/1680316/7-pieces-of-damn-good-creative-advice-from-60s-ad-man-george-lois.

56. William Deresiewicz, "Solitude and Leadership" lecture at West Point, NY, Mar. 1, 2010.

57. Ann Patchett's quotes about "killing the butterfly" are from her essay "The Getaway Car: A Practical Memoir About Writing and Life," which appears in the book *This is the Story of a Happy Marriage* (New York: Harper, 2013).

58. Scott Belsky, *Making Ideas Happen: Overcoming the Obstacles between Vision and Reality* (New York: Portfolio, 2010).

59. From Phyllis Korkki's interview with Chris Baty in her book *The Big Thing: How to Complete Your Creative Project Even if You're a Lazy, Self-Doubting Procrastinator Like Me* (New York: HarperCollins, 2016).

60. From my 2008 series of interviews with Bruce Mau for the book *Glimmer*.

61. Scott Sonenshein, "How to Create More from What You Already Have," *Time*, Feb. 27–Mar. 6, 2017.

62. From my 2008 series of interviews with Bruce Mau for the book *Glimmer*.

63. William Grimes, *New York Times* obituary of novelist and critic William McPherson, Mar. 29, 2017.

64. Stephen Watt, "Questions for Robert Burton," *Rotman Magazine*, Winter 2010.

65. From my 2012 interview with Tom Monahan for *A More Beautiful Question*.

66. From my interview with Grant in Sept. 2017.

67. I interviewed Clow many times during the late 1990s and early 2000s in my reporting for *Advertising Age*, *Wired*, and other publications.

68. Seth Godin, "Fear of Shipping," *Seth's Blog*, June 11, 2010, sethgodin.typepad.

com/seths_blog/2010/06/fear-of-shipping.html.

69. Dean Keith Simonton quoted by Robert I. Sutton, "Forgive and Remember: How a Good Boss Responds to Mistakes," *Harvard Business Review*, Aug. 19, 2010, www.hbr. org/2010/08/forgive-and-remember-how-a-goo.

70. From Mark Zuckerberg's 2012 letter to investors, "The Hacker Way," published in *Wired*, Feb. 1, 2012, www.wired.com/2012/02/zuck-letter.

71. Guy Kawasaki, The Art of the Start: The Time-Tested, Battle-Hardened Guide for Anyone (New York: Portfolio, 2004).

72. Douglas Stone and Sheila Heen, *Thanks for the Feedback: The Science and Art of Receiving Feedback Well* (New York: Viking, 2014).

73. From my interview with Kwame Dawes, Oct. 2017.

74. Mike Birbiglia, "6 Tips for Making It Small in Hollywood," *New York Times*, Sept. 4, 2016.

75. Laurel Snyder, "When to Listen to Other Readers . . . and When to Ignore Them," *The NaNoWriMo Blog*, Jan. 13, 2014, http://blog.nanowrimo.org/post/73214585258/when-to-listen-to-your-readers-and-when-to.

76. Mike Birbiglia, "6 Tips for Making It Small in Hollywood."

77. Ed Catmull, *Creativity, Inc.: Overcoming the Unseen Forces That Stand in the Way of True Inspiration* (New York: Random House, 2014).

78. From a YouTube video, "George Carlin Dropping Words of Wisdom," posted Aug. 20, 2013, www.youtube.com/watch?v=0WmTt0ynTdQ.

79. Kelly Carlin said this in my Nov. 2016 interview with her.

80. from my Sept. 2017 interview with David Burkus.

81. From Gilbert's talk on Oprah Winfrey's SuperSoul Conversations, Oct. 17, 2015. www.oprah.com/ownsupersoulsessions/elizabeth-gilbert-the-curiosity-driven-life-video.

82. Ian Leslie, *Curious: The Desire to Know and Why Your Future Depends on It* (New York: Basic Books, 2014).

83. Quote from Bono, the lead singer of the band U2, in the documentary *From the Sky Down*, directed by Davis Guggenheim and broadcast on Showtime Oct. 2011.

84. Jon Friedman, "Bob Dylan's Relent-less Reinvention," *Boston Globe*, May 23, 2016.

85. Todd Haynes, director of the 2007 film *I'm Not There*, which was about Dylan, said this, and it has been widely quoted, including here: www.moma.org/calendar/events/1485.

86. Robert Minto, "What Happens When a Science Fiction Genius Starts Blogging?," *New Republic*, Sept. 7, 2017.

87. This question was shared by Tim Ogilvie during my 2013 interview with him for *A More Beautiful Question*.

第三部：透過提問，與他人建立關係

1. Interview with Arthur Aron, Oct. 2017. Additional information from: Yasmin Anwar, "Creating Love in the Lab: The 36 Questions That Spark Intimacy," *Berkeley News*, Feb. 12, 2015, www.news.berkeley.edu/2015/02/12/love-in-the-lab; Elaine N. Aron, "36 Questions for Intimacy, Back Story," *Psychology Today*, Jan. 14, 2015, www.psychologytoday.com/blog/attending-the-undervalued-self/201501/36-questions-intimacy-back-story.

2. Mandy Len Catron, Modern Love, "To Fall in Love with Anyone, Do This," *New York Times*, Jan. 11, 2015, www.nytimes.com/2015/01/11/fashion/modern-love-to-fall-in-love-with-anyone-do-this.html.

3. From my interview with Robin Dreeke, Dec. 2017. Unless otherwise indicated, all quotes from Dreeke in this chapter are from this interview.

4. Paul L. Harris, *Trusting What You're Told: How Children Learn from Others* (Boston: Belknap Press, 2012). Studies also cited in the article "Mothers Asked Nearly 300 Questions a Day, Study Finds," *Telegraph*, March 28, 2013.

5. Tara Parker-Pope, "What Are Friends For? A Longer Life," *New York Times*, Apr. 21, 2009.

6. Scott Stossel, "What Makes Us Happy, Revisited," *Atlantic*, May 2013.

7. E. M. Forster, *Howards End*, originally published in 1910 by Edward Arnold (London).

8. Emily Esfahani Smith, "Psychology Shows It's a Big Mistake to Base Our Self-Worth on Our Professional Achievements," Quartz, May 24, 2017, www.qz.com/990163/

Psychology-shows-its-a-big-mistake-to-base-our-self-worth-on-our-professional-achieve ments. These themes are also covered in Emily Esfanani Smith's *The Power of Meaning: Finding Fulfillment in a World Obsessed with Happiness* (New York: Crown, 2017).

9. Sarah Landrum, "Millennials Are Happiest When They Feel Connected to Their Co-Workers," *Forbes*, Jan. 19, 2018, www.forbes.com/sites/sarahlandrum/2018/01/19/millennials-are-happiest-when-they-feel-connected-to-their-co-workers.

10. Tony DuShane, "Chris Colin, Rob Baedeker Are the Kings of Conversation," *SFGate*, Mar. 16, 2014, www.sfgate.com/books/article/Chris-Colin-Rob-Baedeker-are-the-kings-of-5351986.php. All quotes from Colin and Baedeker are from this article and the article "27 Questions to Ask Instead of What Do You Do?" by Courtney Seiter, Buffer Open, Nov. 30, 2015, www.open.buffer.com/27-question-to-ask-instead-of-what-do-you-do.

11. Chris Colin and Rob Baedeker, *What to Talk About: On a Plane, at a Cocktail Party, in a Tiny Elevator with Your Boss's Boss* (San Francisco: Chronicle Books, 2014).

12. Tim Boomer, "Dating in the Deep End," Modern Love, *New York Times*, Jan. 17, 2016.

13. Eleanor Stanford, "13 Questions to Ask Before Getting Married," *New York Times*, Mar. 24, 2016.

14. Mandy Len Catron, "To Stay in Love, Sign on the Dotted Line," Modern Love, *New York Times*, Jun. 25, 2017.

15. The six questions in the box were selected from a longer list compiled by Sara Goldstein, "21 Questions to Ask Your Spouse Instead of "How Was Your Day?," Mother.ly, Mar. 16, 2016, www.mother.ly/parenting/21-questions-to-ask-your-spouse-instead-of-how-was-your-day-after-work.

16. Adam Bryant, "Deborah Harmon, on Playing to Your Team's Strengths," Corner Office, *New York Times*, Nov. 1, 2014.

17. From an Oct. 2017 Quiet Revolution interview, " 'The Power of Moments': An Interview with Chip and Dan Heath," www.quietrev.com/power-moments-interview-chip-dan-heath.

18. "Save Your Relationships: Ask the Right Questions," Momastery, Jan. 16, 2014, www.momastery.com/blog/2014/01/16/save-relationships-ask-right-questions. Unless

otherwise indicated, all quotes in this chapter from Doyle are from this article.

19. From my 2017 interviews with Frank Sesno, and this is covered in his book, *Ask More: The Power of Questions to Open Doors, Uncover Solutions, and Spark Change* (New York: AMACOM, Jan. 10, 2017).

20. Nick Morgan, "How to Use Improv to Make Your Work Day Better: Interview with Cathy Salit," Public Words, Jul. 28, 2016, www.publicwords.com/2016/07/28/use-improv-make-work-day-better.

21. Alison Davis, "Dramatically Improve Your Listening Skills in 5 Simple Steps," *Inc.*, Jul. 27, 2016, www.inc.com/alison-davis/dramatically-improve-your-listening-skills-in-5-simple-steps.html.

22. Judith Humphrey, "There Are Actually 3 Kinds of Listening–Here's How to Master Them," *Fast Company*, Aug. 16, 2016, www.fastcompany.com/3062860/there-are-actually-3-kinds-of-listening-heres-how-to-master-them.

23. Dianne Schilling, "10 Steps to Effective Listening," *Forbes*, Nov. 8, 2012, www.forbes.com/sites/womensmedia/2012/11/09/10-steps-to-effective-listening/#1731bd7a3891.

24. Eric Barker, "How to Get People to Like You: 7 Ways from an FBI Behavior Expert," Barking Up the Wrong Tree interview with Robin Dreeke, Oct. 26, 2014, www.bakadesuyo.com/2014/10/how-to-get-people-to-like-you.

25. Ronald Siegel, "Wisdom in Psychotherapy," *Psychotherapy Networker*, Mar.–Apr. 2013.

26. Michael J. Socolow, "How to Prevent Smart People from Spreading Dumb Ideas," *New York Times*, Mar. 22, 2018.

27. Heleo editors in conversation with Celeste Headlee and Panio Gianopoulous, "Conversation Is a Skill. Here's How to Be Better at It," Heleo, Oct. 2, 2017, www.heleo.com/conversation-conversation-is-a-skill-heres-how-to-be-better-at-it/16595.

28. Mark Goulston, *Just Listen: Discover the Secret to Getting Through to Absolutely Anyone* (New York: AMACOM, 2010). Unless otherwise indicated, all quotes in this chapter from Goulston are from this book.

29. "Influence Anyone with Secret Lessons Learned from the World's Top Hostage Negotiators with Former FBI Negotiator Chris Voss," *The Science of Success* podcast,

Oct. 20, 2016, www.podcast.scienceofsuccess.co/e/influence-anyone-with-secret-lessons-learned-from-the-world%E2%80%99s-top-hostage-negotiators-with-former-fbi-negotiator-chris-voss.

30. From my interview with Michael Bungay Stanier, Oct. 2017, and also appearing in his book *The Coaching Habit: Say Less, Ask More & Change the Way You Lead Forever* (Toronto: Box of Crayons Press, 2016).

31. Nick Morgan, "How to Use Improv to Make Your Work Day Better: Interview with Cathy Salit."

32. Susan Cain, "7 Ways to Use the Power of Powerless Communication," Quiet Revolution, Apr. 2015, www.quietrev.com/7-ways-to-use-powerless-communication.

33. From my interview with Michael Bungay Stanier, Oct. 2017.

34. Hal Mayer, "Can You Actually Help People by Just Asking Them Questions?" Leading with Questions, Apr. 27, 2017, www.leadingwithquestions.com/leadership/can-you-actually-help-people-by-just-asking-them-questions-2.

35. Martha Beck, "The 3 Questions You Need to Ask Yourself Before Criticizing Someone," Oprah.com, Oct. 5, 2017, www.oprah.com/inspiration/martha-beck-how-to-stop-criticizing-everyone.

36. From my interview with David Cooperrider for my *Harvard Business Review* article "The 5 Questions Leaders Should Never Ask," Jul. 2, 2014, www.hbr.org/2014/07/5-common-questions-leaders-should-never-ask.

37. "Another Round with SWEAT: In Conversation with Lynn Nottage and Kate Whoriskey, posted on YouTube by Sweat Broadway, Mar. 22, 2017, www.youtube.com/watch?v=nfGaZuCE6TY.

38. Liz Spayd, "New Voices, but Will They Be Heard?," Public Editor, *New York Times*, Apr. 23, 2017.

39. Michael Schulman, "The First Theatrical Landmark of the Trump Era," *New Yorker*, Mar. 27, 2017.

40. 同上。

41. Liz Spayd, "New Voices, but Will They Be Heard?"

42. Alexis Soloski, "Breaking 'Sweat': How a Blue-Collar Drama Crossed Over to the

Great White Way," *Village Voice*, Apr. 5, 2017.

43. Elizabeth Kolbert, "Why Facts Don't Change Our Minds," *New Yorker*, Feb. 27, 2017.

44. Ian Leslie, *Curious: The Desire to Know and Why Your Future Depends On It* (New York: Basic Books, 2014).

45. From Terry Gross's interview with Tom Perotta on NPR's *Fresh Air* radio program, Jul. 31, 2017.

46. From my 2017 interview conducted with Edward D. Hess, author of multiple books on innovation and a professor of business administration at University of Virginia's Darden School of Business.

47. From my 2017 interview with Hansen.

48. Sean Illing, "Why We Pretend to Know Things, Explained by a Cognitive Scientist," Nov. 3, 2017, Vox, www.vox.com/conversations/2017/3/2/14750464/truth-facts-psychology-donald-trump-knowledge-science.

49. Kenneth Primrose interview of Iain McGilchrist on *The Examined Life* (blog), Dec. 2016, www.examined-life.com/interviews/iain-mcgilchrist.

50. Elizabeth Kolbert, "Why Facts Don't Change Our Minds."

51. Jay Heinrichs, "How to Talk to Someone You Hate," Vice's *Tonic* blog, Nov. 8, 2017, www.tonic.vice.com/en_us/article/gqymzx/how-to-talk-to-someone-you-hate.

52. Krista Tippett, *Becoming Wise: An Inquiry into the Mystery and Art of Living* (New York: Penguin Press, 2016). The questions were shared with Tippett by Frances Kissling, retired head of Catholics for Choice.

53. This "motivational interviewing" technique is described by Yale professor Michael V. Pantalon in his book *Instant Influence* (New York: Little, Brown and Company, 2011). Hat tip to Adam Grant for calling this to my attention.

54. From "Hey Bill Nye! How Do You Reason with a Science Skeptic?," Big Think, April 4, 2017, www.bigthink.com/videos/hey-bill-nye-how-do-you-reason-with-a-science-skeptic.

55. Carl Sagan in his 1996 book *The Demon-Haunted World: Science as a Candle in the Dark*, and as quoted by Maria Popova in "Carl Sagan on Moving Beyond Us vs. Them,

Bridging Conviction with Compassion, and Meeting Ignorance with Kindness," on her *Brain Pickings* blog, Nov. 9, 2016, www.brainpickings.org/2016/11/09/carl-sagan-demon-haunted-world-ignorance-compassion.

56. Matthew Fray, from a Jan. 14, 2016 post on his blog, *Must Be This Tall to Ride*, www.mustbethistalltoride.com/2016/01/14/she-divorced-me-because-i-left-dishes-by-the-sink. The background info is from an Aug. 2017 interview I conducted with Fray.

57. These and other Matthew Fray quotes are from an Aug. 2017 interview I conducted with Fray.

58. Emily Esfahani Smith citing psychologist John Gottman in "The Secret to Love Is Just Kindness," *Atlantic*, June 2014.

59. The five questions in the box were selected from a longer list compiled by Kaitlyn Wylde, "20 Things to Ask Your Best Friend to Make Your Relationship Even Stronger," Bustle, Oct. 26, 2015, www.bustle.com/articles/119084-20-things-to-ask-your-best-friend-to-make-your-relationship-even-stronger.

60. Jeremy McCarthy, "The 3 Magic Words That Create Great Conversations," HuffPost, Dec. 12, 2013, www.huffingtonpost.com/jeremy-mccarthy/conscious-relation ships_b_4414955.html.

61. Eric V. Copage, "Questions to Ask Before Getting a Divorce," Vows, *New York Times*, May 28, 2017.

62. Ibid, quoting Rev. Kevin Wright, minister of Riverside Church in New York.

63. Michael Hyatt, "Ten Difficult, But Really Important Words," an Aug. 4, 2017 post of Hyatt's blog, www.michaelhyatt.com/Ten-Difficult-But-Really-Important-Words.

64. From my 2017 interview with Brown University cognitive scientist Steven Sloman, coauthor with Philip Fernbach of *The Knowledge Illusion: Why We Never Think Alone* (New York: Riverhead Books, 2017).

65. Oprah Winfrey, "What Oprah Knows for Sure about Letting Go," Oprah.com, Jul. 11, 2017, www.oprah.com/inspiration/what-oprah-knows-for-sure-about-letting-go.

66. Wanda Wallace, "Questions Employees Should Ask Their Managers," Jan. 5, 2017, in a guest post on *Leading with Questions*, www.leadingwithquestions.com/personal-growth/questions-great-employees-should-ask-their-leaders.

67. From my Aug. 2017 interview with Katherine Crowley of K Squared Enterprises in

New York.

68. Lydia Dishman, "This Is Why We Default to Criticism (and How to Change)," *Fast Company*, Nov. 3, 2017, www.fastcompany.com/40487947/this-is-why-we-default-to-criticism-and-how-to-change.

69. Mark C. Crowley, "Gallup's Workplace Jedi on How to Fix Our Employee Engagement Problem," *Fast Company*, Jun. 4, 2013, www.fastcompany.com/3011032/gallups-workplace-jedi-on-how-to-fix-our-employee-engagement-problem.

70. 同上。

71. Adam Grant in "The Power of Powerless Communication," a May 2013 TedxEast talk, www.youtube.com/watch?v=n_ffqEA8X5g.

72. 同上。

73. Daniel Pink, "How to Persuade Others with the Right Questions," Big Think, May 21, 2014, www.youtube.com/watch?v=WAL7Pz1i1jU. Ideas derived from Pink's book *To Sell is Human: The Surprising Truth about Moving Others* (New York: Riverhead Books, 2012).

74. Drucker's belief in the power of questions was described to me by Drucker Institute executive director Rick Wartzman in our 2013 conversations, as well as in Wartzman's article "How to Consult Like Peter Drucker," *Forbes*, Sept. 11, 2012.

第四部：透過提問，成為優秀領導者

1. Posted on Brandon Stanton's *Humans of New York* Facebook page, Jan. 19, 2015, www.facebook.com/humansofnewyork/photos/a.102107073196735.4429.1020999165307 84/865948056812629.

2. Footage of Nadia Lopez in action at the school from "Why Principals Matter," *Atlantic*, Feb. 26, www.theatlantic.com/video/index/385925/why-principals-matter.

3. From my Jan. 2018 interview with Nadia Lopez.

4. Lisa Kay Solomon, "How the Most Successful Leaders Will Thrive in an Exponential World," SingularityHub, Jan. 11, 2017, www.singularityhub.com/2017/01/11/how-the-most-successful-leaders-will-thrive-in-an-exponential-world.

5. From my inter- view with Angie Morgan of Lead Star, Oct. 2017. Morgan also discusses

this concept in her book *Spark: How to Lead Yourself and Others to Greater Success* by Angie Morgan, Courtney Lynch, and Sean Lynch (New York: Houghton Mifflin Harcourt, 2017).

6. David B. Peterson, "The Paradox of Leadership: Navigating the New Realities," speech from World Business Executive Coach Summit 2017, June 15, 2017, www.wbecs. com/wbecs2017/presenter/david-peterson.

7. Shiza Shahid, World Economic Forum, "Crisis in Leadership Underscores Global Challenges," Nov. 10, 2014, https://www.weforum.org/press/2014/11/crisis-in-leadership-underscores-global-challenges/.

8. Deborah Ancona and Elaine Backman, "Distributed Leadership: From Pyramids to Networks: The Changing Leadership Landscape," MIT whitepaper, Oct. 2017, https://mitsloan-php.s3.amazonaws.com/leadership_wp/wp-content/uploads/2015/06/Distributed-Leadership-Going-from-Pyramids-to-Networks.pdf.

9. From my interview with Douglas Conant in Jan. 2018. The concept of "inside out" leadership is also featured in Conant's essay "Leaders, You Can (And Must) Do Better. Here's How" on LinkedIn, (www.linkedin.com/pulse/leaders-you-can-must-do-better-heres-how-douglas-conant), and in Conant's book *TouchPoints: Creating Powerful Leadership Connections in the Smallest of Moments*, coauthored with Mette Norgaard (New York: Jossey-Bass, 2011). Unless otherwise indicated, quotes from Conant in this chapter are from the interview cited above.

10. William Deresiewicz, "Solitude and Leadership," *The American Scholar*, Mar. 1, 2010.

11. Douglas Conant, "Leaders, You Can (And Must) Do Better. Here's How," on LinkedIn.

12. Susan Cain, "Followers Wanted," *New York Times*, Mar. 26, 2017.

13. Scott Spreier, Mary H. Fontaine, and Ruth Malloy, "Leadership Run Amok: The Destructive Potential of Overachievers," *Harvard Business Review*, June 2006.

14. Robert K. Greenleaf, "The Servant as Leader," an essay first published in 1970, now available on from the Robert K. Greenleaf Center for Servant Leadership (www.greenleaf.org/products-page/the-servant-as-leader).

15. Tomas Chamorro-Premuzic, "Why Do So Many Incompetent Men Become

Leaders?," *Harvard Business Review*, Aug. 22, 2013, www.hbr.org/2013/08/why-do-so-many-incompetent-men.

16. Jonathan Mackey and Sharon Toye, "How Leaders Can Stop Executive Hubris," *Strategy+Business*, Spring 2018 / Issue 90.

17. Adam Bryant, "Brian Chesky: Scratching the Itch to Create," Corner Office, *New York Times*, Oct. 12, 2014.

18. Roselinde Torres's TED Talk, "What It Takes to Be a Great Leader," Feb. 2014, www.ted.com/talks/roselinde_torres_what_it_takes_to_be_a_great_leader.

19. Taken from the 2015 CEO survey by PwC, "Responding to Disruption." Published Jan. 2016, www.pwc.com/gx/en/ceo-survey/2015/assets/pwc-18th-annual-global-ceo-survey-jan-2015.pdf. Also discussed in Will Yakowicz, "This Is the Most Valuable Leadership Trait You Can Have," *Inc.*, Sept. 15, 2015, www.inc.com/will-yakowicz/why-leaders-need-to-be-curious.html.

20. John Marshall, "Why Relentless Curiosity Is a Must for CEOs," *TNW*, Jul. 29, 2017, www.thenextweb.com/contributors/2017/07/29/relentless-curiosity-must-ceos.

21. Roselinde Torres's TED Talk, "What It Takes to Be a Great Leader," Feb. 2014, www.ted.com/talks/roselinde_torres_what_it_takes_to_be_a_great_leader.

22. David B. Peterson, "The Paradox of Leadership: Navigating the New Realities," speech from World Business Executive Coach Summit 2017, June 15, 2017, www.wbecs.com/wbecs2017/presenter/david-peterson. Peterson refers to the following Deloitte study on diversity: Juliet Bourke, Stacia Garr, Ardie van Berkel and Jungle Wong, "Diversity and Inclusion: The Reality Gap," Deloitte Insights, Feb. 28, 2017, www2.deloitte.com/insights/us/en/focus/ human-capital-trends/2017/diversity-and-inclusion-at-the-workplace.html.

23. Erica Anderson, "23 Quotes from Warren Buffett on Life and Generosity," *Forbes*, Dec. 2, 2013, www.forbes.com/sites/erikaandersen/2013/12/02/23-quotes-from-warren-buffett-on-life-and-generosity. Charlie Munger's comments about Buffett's "haircut day" are from Munger's speech at the 2016 Daily Journal annual meeting, captured by Shane Parrish, "Charlie Munger Holds Court at the 2016 Daily Journal Meeting," posted on *Medium*, Feb. 14, 2016, www.medium.com/@farnamstreet/charlie-munger-holds-court-at-the-2016-daily-journal-meeting-542e04784c5e.

24. Roselinde Torres, Marin Reeves, Peter Tollman, and Christian Veith, "The Rewards

of CEO Reflection,"　BCG blog, June 29, 2017, www.bcg.com/en-us/publications/2017/
leadership-talent-people-organization-rewards-ceo-reflection.aspx.

25. Ray Dalio, *Principles: Life and Work* (New York: Simon & Schuster, 2017).

26. Angie Morgan, Courtney Lynch, and Sean Lynch, *Spark: How to Lead Yourself and Others to Greater Success* (New York: Houghton Mifflin Harcourt, 2017). The "Galatea effect," as described by Morgan, is defined here: www.psychologyconcepts.com/galatea-effect/.

27. Shared with me during a 2013 interview I conducted with Doug Rauch for *A More Beautiful Question*.

28. William C. Taylor, "Simply Brilliant: 8 Questions to Help You Do Ordinary Things in Extraordinary Ways," *ChangeThis*, Issue 145, www.changethis.com/manifesto/show/145.01.SimplyBrilliant. Taylor also explores these themes in his book *Simply Brilliant: How Great Organizations Do Ordinary Things in Extraordinary Ways* (New York: Portfolio, 2016).

29. David Gelles and Claire Cain Miller, "Business Schools Now Teaching #MeToo, N.F.L. Protests, and Trump," *New York Times*, Dec. 25, 2017.

30. From my 2013 interview with business consultant Tim Ogilvie for *A More Beautiful Question*.

31. Greg McKeown's question from "Essentialism," Talks at Google, Apr. 29, 2014, www.youtube.com/watch?v=sQKrt1-IDaE. He also covers this theme in his book *Essentialism: The Disciplined Pursuit of Less* (New York: Crown Business, 2014).

32. From Greg McKeown's book *Essentialism*.

33. Walter Isaacson, "The Real Leadership Lessons of Steve Jobs," *Harvard Business Review*, April 2012.

34. From the interview I conducted with executive coach Michael Bungay Stanier Sept. 2017.

35. The concept, sometimes referred to as "purposeful abandonment," is described in Leigh Buchanan, "The Wisdom of Peter Drucker from A to Z," *Inc.*, Nov. 19, 2009. www.inc.com/articles/2009/11/drucker.html.

36. Lisa Bodell for futurethink, "Killer QuickWin: Kill a Stupid Rule," Mar. 9, 2012, www.youtube.com/watch?v=eqN3AYjkxRQ.

37. From my interview with James E. Ryan Oct. 2017. Ryan's five questions are featured in his book *Wait, What? And Life's Other Essential Questions* (New York: HarperOne, 2017).

38. Dan Schawbel, "Gary Keller: How to Find Your One Thing," *Forbes*, May 23, 2013. Also see Gary Keller's book, coauthored with Jay Papasan, *The ONE Thing: The Surprisingly Simple Truth Behind Extraordinary Results* (Austin: Bard Press, 2013).

39. Warren Bennis, *On Becoming a Leader* (New York: Basic Books, 2009; originally published in 1989).

40. Adam Bryant, "Surfing the Three Waves of Innovation," Corner Office, *New York Times*, Oct. 8, 2017.

41. From multiple interviews I conducted with business consultant Don Derosby in the fall of 2017.

42. Leigh Buchanan, "100 Great Questions Every Entrepreneur Should Ask," *Inc.*, April 2014.

43. 同上。

44. 同上。

45. Molly Larkin, "What Is the 7th Generation Principle and Why Do You Need to Know About It?," from her blog, May 15, 2013, www.mollylarkin.com/what-is-the-7th-generation-principle-and-why-do-you-need-to-know-about-it-3.

46. Rodger Dean Duncan, "How Campbell's Soup's Former CEO Turned the Company Around," *Fast Company*, Sept. 18, 2014, www.fastcompany.com/3035830/how-campbells-soups-former-ceo-turned-the-company-around.

47. Art Kleiner, "The Thought Leader Interview: Douglas Conant," Strategy+Business, Autumn 2012/Issue 68.

48. 同上。

49. Mark C. Crowley, "Gallup's Workplace Jedi on How to Fix Our Employee Engagement Problem," *Fast Company*, June 4, 2013, www.fastcompany.com/3011032/gallups-workplace-jedi-on-how-to-fix-our-employee-engagement-problem.

50. Tim Kuppler, "Leadership, Humble Inquiry & the State of Culture Work—Edgar Schein," Mar. 10, 2014, CultureUniversity.com, www.cultureuniversity.com/leadership-

humble-inquire-the-state-of-culture-work-edgar-schein.

51. Jack and Suzy Welch, "The One Question Every Boss Should Ask," LinkedIn, Dec. 2, 2014, www.linkedin.com/pulse/20141202054906 -86541065-the-one-question-every-boss-should-ask.

52. David L. Cooperrider and Diana Whitney, *Appreciative Inquiry: A Positive Revolution in Change* (Oakland: Berrett-Kohler, 2005).

53. Nathaniel Greene, "Misguided Questions Kill Businesses," *Leadership Freak* (blog), Apr. 5, 2017, www.leadershipfreak.blog/2017/04/05/misguided-questions-kill-businesses.

54. Teresa Amabile, "The Progress Principle," TEDxAtlanta Talk, Oct. 12, 2011, www. youtube.com/watch?v=XD6N8b sjOEE.

55. John Barrett, "The Can't, Won't, Don't Question . . . ," *John Barrett Leadership* (blog), Nov. 21, 2017, www.johnbarrettleadership.com/the-cant-wont-dont-question.

56. William Arruda, "Coaching Skills Every Leader Needs to Master," *Forbes*, Oct. 17 2015, www.forbes.com/sites/williamarruda/2015/10/27/coaching-skills-every-leader-needs-to-master.

57. Robert S. Kaplan, "What to Ask the Person in the Mirror," *Harvard Business Review*, Jan. 2007.

58. Michael Bungay Stanier, "The Right Way to Ask a Question," *Toronto Globe and Mail*, Apr. 6, 2016.

59. Socrates says this to the playwright Agathon at a dinner party at the start of Plato's dialogue, the "Symposium." Ronald Gross, *Socrates' Way: Seven Keys to Using Your Mind to the Utmost* (TarcherPerigee, Oct. 2002).

60. Annie Murphy Paul, "This Is the Biggest Reason Talented Young Employees Quit Their Jobs," *Business Insider*, Sept. 18, 2012, www.businessinsider.com/why-young-employees-quit-their-jobs-2012-9.

61. This has been the focus of work by educator Susan Engel and is covered in her article "The Case for Curiosity," *Educational Leadership*, Feb. 2013. Environmental effects on curiosity are also discussed Ian Leslie's book *Curious: The Desire to Know and Why Your Future Depends on It* (New York: Basic Books, 2014).

62. From my Dec. 2017 interview with Ed Hess of the University of Virginia.

63. Adam Bryant, "How to Be a CEO, from a Decade's Worth of Them," Corner Office, *New York Times*, Oct. 27, 2017.

64. Chuck Leddy, "The Seven Principles of Productivity: Author Morten Hansen Explains How to Be Great at Work," National Center for the Middle Market, Jan. 22, 2018, www.middlemarketcenter.org/expert-perspectives/the-7-principles-of-productivity. See also Morten Hansen's book *Great at Work: How Top Performers Do Less, Work Better, and Achieve More* (New York: Simon & Schuster, 2018).

65. Adam Bryant, "Pedro J. Pizarro: A Leader Who Encourages Dissent," Corner Office, *New York Times*, Oct. 27, 2017.

66. Warren Berger, "5 Ways to Help Your Students Become Better Questioners," Edutopia, Aug. 18, 2014, www.edutopia.org/blog/help-students-become-better-questioners-warren-berger.

67. Todd Kashdan, "Companies Value Curiosity, But Stifle It Anyway," *Harvard Business Review*, Oct. 21, 2015, www.hbr.org/2015/10/compa nies-value-curiosity-but-stifle-it-anyway.

68. Heather Wolpert-Gawron, "What the Heck is Inquiry-Based Learning?" Edutopia, Aug. 11, 2016, www.edutopia.org/blog/what-heck-inquiry-based-learning-heather-wolpert-gawron.

69. Chuck Leddy, "The Seven Principles of Productivity: Author Morten Hansen Explains How to Be Great at Work," National Center for the Middle Market, Jan. 22, 2018, www.middlemarketcenter.org/expert-perspectives/the-7-principles-of-productivity.

70. From Bezos's "2016 Letter to Shareholders," Apr. 12, 2017, www.amazon.com/p/feature/z608g6sys xur57t.

71. Ian Leslie, *Curious: The Desire to Know and Why Your Future Depends on It* (New York: Basic Books, 2014).

72. Leigh Buchanan, "100 Great Questions Every Entrepreneur Should Ask," *Inc.*, April 2014.

結論：處處探究的人生

1. The effectiveness of checklists is explored at length in Atul Gawande's *The Checklist Manifesto: How to Get Things Right* (New York: Henry Holt & Co., 2009).

2. Hal Gregersen of the MIT Leadership Center created an initiative, the 4-24 Project, encouraging 4 minutes a day of questioning. The project's website: www.4-24project.org.

3. Michael Simmons, "Why Successful People Spend 10 Hours a Week on Compound Time," *The Mission* (blog), August 10, 2017, www.medium.com/the-mission/why-successful-people-spend-10-hours-a-week-on-compound-time-79d64d8132a8.

4. For more on how to use rewards to encourage habit changes, see Charles Duhigg, *The Power of Habit: Why We Do What We Do In Life and Business* (New York: Random House, 2012).

5. For more on this technique, visit the Right Question Institute website (www.rightquestion.org) or refer to the book by Dan Rothstein and Luz Santana, *Make Just One Change: Teach Students to Ask Their Own Questions* (Cambridge, MA: Harvard Education Press, 2012).

6. to borrow a phrase from the *Saturday Night Live* character Stuart Smalley, played by Al Franken.

7. Here's just one of a number of articles that makes this point: Nicholas Kristof, "Good News, Despite What You've Heard," *New York Times*, July 1, 2017.

8. the negative-thinking questions were shared by psychologist Judith Beck in my interview with her in 2013 for *A More Beautiful Question*.

9. Psychologist Martin Seligman discusses the importance of reflecting on positive events in an article by Julie Scelfo, "The Happy Factor: Practicing the Art of Well-Being," *New York Times*, April 9, 2017.

10. This is covered at length in *A More Beautiful Question*, but for a shorter explanation of the "Why?," "What If?," and "How?" questioning cycle, see my post "Tackle Any Problem with These 3 Questions," *Fast Company*'s Co.Design site, May 19, 2014, www.fastcodesign.com/3030708/tackle-any-problem-with-these-3-questions.

11. In this video interview, posted March 22, 2012 on the site ComicBookMovie.com, Grahame-Smith discusses the inspiration for his mashup idea. www.comicbookmovie.com/horror/abraham-lincoln-vampire-hunter-seth-grahame-smith-on-his-inspiration-a56768.

12. James Ryan's quote comes from an article by Christina Nunez, "These 5 Questions Might Boost Your Curiosity—and Make You Happier," *National Geographic*, May 26, 2017, news.nationalgeographic.com/2017/05/wait-what-book-talk-chasing-genius-jim-

ryan-commencement-speech.

13. This is an original exercise created for this book by Laura E. Kelly, based on her research of family conversation techniques.

14. From an Oct. 2017 Quiet Revolution interview, " 'The Power of Moments': An Interview with Chip and Dan Heath," www.quietrev.com/power-moments-interview-chip-dan-heath.

15. The list of questions is inspired by Hal Mayer, "Can You Actually Help People by Just Asking Them Questions?" Leading with Questions, Apr. 27, 2017, www. leadingwithquestions.com/leadership/can-you-actually-help-people-by-just-asking-them-questions-2.

16. Jason Karaian, "We Got 10 CEOs to Tell Us Their One Killer Interview Question for New Hires," Quartz, Feb. 4, 2016, www.qz.com/608398/be-prepared-we-gotasked-10-ceos-to-tellgive-us-their-killer-interview-questions.

17. Author Bruce Feiler has explored the idea of having a family mission/ purpose in his book, *The Secrets of Happy Families: Improve Your Mornings, Rethink Family Dinner, Fight Smarter, Go Out and Play, and Much More* (New York: William Morrow, 2013). In addition, ideas for this passage on family questioning, and several of the questions listed, were drawn from Paul Sullivan, "Keeping the Family Tree Alive," *New York Times*, Dec. 29, 2017.

18. Based on more than 100 studies spanning forty years of research, as reported in, among other sources, Cheyenne MacDonald, "Will You Stick to Your New Year's Resolutions? Psychologists Say Asking Questions Rather than Making Statements Helps People Follow Goals," *The Daily Mail*, Dec. 28, 2015.

19. Quote is from my interview with Tim Brown for my post "The Secret Phrase Top Innovators Use," *Harvard Business Review*, Sept. 17, 2012.

20. From my email interview with physicist Edward Witten in Feb. 2013 for *A More Beautiful Question*. Witten originally said this in an interview for "Physics' Sharpest Mind Since Einstein," CNN, Jul. 5, 2005.

實用知識 65

從 Q 到 Q+

精準提問打破偏見僵局 × 避開決策陷阱，關鍵時刻做出最佳決斷
The Book of Beautiful Questions: The Powerful Questions That Will Help You Decide, Create, Connect, and Lead

作　　者：華倫‧伯格（Warren Berger）
譯　　者：鍾玉玨
資深編輯：劉瑋
校　　對：劉瑋、林佳慧
封面設計：木木 lin
美術設計：YuJu
寶鼎行銷顧問：劉邦寧

發 行 人：洪祺祥
副總經理：洪偉傑
副總編輯：林佳慧
法律顧問：建大法律事務所
財務顧問：高威會計師事務所
出　　版：日月文化出版股份有限公司
製　　作：寶鼎出版
地　　址：台北市信義路三段 151 號 8 樓
電　　話：(02)2708-5509 ／ 傳　真：(02)2708-6157
客服信箱：service@heliopolis.com.tw
網　　址：www.heliopolis.com.tw
郵撥帳號：19716071 日月文化出版股份有限公司

總 經 銷：聯合發行股份有限公司
電　　話：(02)2917-8022 ／ 傳　真：(02)2915-7212
製版印刷：禾耕彩色印刷事業股份有限公司
初　　版：2020 年 3 月
定　　價：380 元
ISBN：978-986-248-863-8

國家圖書館出版品預行編目資料

從 Q 到 Q+：精準提問打破偏見僵局 × 避開決策陷阱，
關鍵時刻做出最佳決斷／華倫‧伯格（Warren Berger）
著；鍾玉玨譯 . -- 初版 . -- 臺北市：日月文化，2020.03
336 面；14.7×21 公分 . --（實用知識；65）
譯　自：The Book of Beautiful Questions: The Powerful
Questions That Will Help You Decide, Create, Connect, and
Lead
ISBN 978-986-248-863-8（平裝）

1. 決策管理 2. 商務傳播
494.1　　　　　　　　　　　　　　　　109000434

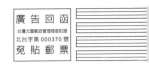

日月文化集團
HELIOPOLIS
CULTURE GROUP

客服專線 02-2708-5509
客服傳真 02-2708-6157
客服信箱 service@heliopolis.com.tw

廣 告 回 函
台灣北區郵政管理局登記證
北台字第 000370 號
免 貼 郵 票

日月文化集團 讀者服務部 收

10658 台北市信義路三段151號8樓

對折黏貼後，即可直接郵寄

日月文化網址：**www.heliopolis.com.tw**

最新消息、活動，請參考 FB 粉絲團

大量訂購，另有折扣優惠，請洽客服中心（詳見本頁上方所示連絡方式）。

大好書屋

寶鼎出版

山岳文化

EZ TALK

EZ Japan

EZ Korea

大好書屋・寶鼎出版・山岳文化・洪圖出版

日月文化集團
HELIOPOLIS
CULTURE GROUP

感謝您購買 從Q到Q+：精準提問打破偏見僵局╳避開決策陷阱，關鍵時刻做出最佳決斷

為提供完整服務與快速資訊，請詳細填寫以下資料，傳真至02-2708-6157或免貼郵票寄回，我們將不定期提供您最新資訊及最新優惠。

1. 姓名：＿＿＿＿＿＿＿＿＿＿＿＿＿＿　性別：□男　　□女

2. 生日：＿＿＿＿年＿＿＿＿月＿＿＿＿日　職業：＿＿＿＿＿＿

3. 電話：（請務必填寫一種聯絡方式）

　（日）＿＿＿＿＿＿＿＿　（夜）＿＿＿＿＿＿＿＿　（手機）＿＿＿＿＿＿＿

4. 地址：□□□＿＿＿＿＿＿＿＿＿＿＿＿＿＿＿＿＿＿＿＿＿＿＿＿

5. 電子信箱：＿＿＿＿＿＿＿＿＿＿＿＿＿＿＿＿＿＿＿＿＿＿＿＿＿

6. 您從何處購買此書？□＿＿＿＿＿＿＿縣/市＿＿＿＿＿＿＿書店/量販超商

　　□＿＿＿＿＿＿＿網路書店　　□書展　　□郵購　　□其他

7. 您何時購買此書？　　年　　月　　日

8. 您購買此書的原因：（可複選）

　□對書的主題有興趣　　□作者　　□出版社　　□工作所需　　□生活所需

　□資訊豐富　　　□價格合理（若不合理，您覺得合理價格應為＿＿＿＿＿＿）

　□封面/版面編排　　□其他＿＿＿＿＿＿＿＿＿＿＿＿＿＿＿＿＿＿＿

9. 您從何處得知這本書的消息：　□書店　□網路/電子報　□量販超商　□報紙
　　□雜誌　□廣播　□電視　□他人推薦　□其他＿＿＿＿＿＿＿＿＿

10. 您對本書的評價：（1.非常滿意 2.滿意 3.普通 4.不滿意 5.非常不滿意）
　　書名＿＿＿＿＿　內容＿＿＿＿＿　封面設計＿＿＿＿＿　版面編排＿＿＿＿＿　文/譯筆＿＿＿＿＿

11. 您通常以何種方式購書？□書店　　□網路　　□傳真訂購　　□郵政劃撥　　□其他

12. 您最喜歡在何處買書？

　　□＿＿＿＿＿＿＿縣/市＿＿＿＿＿＿＿書店/量販超商　　□網路書店

13. 您希望我們未來出版何種主題的書？＿＿＿＿＿＿＿＿＿＿＿＿＿＿＿＿＿

14. 您認為本書還須改進的地方？提供我們的建議？

＿＿＿＿＿＿＿＿＿＿＿＿＿＿＿＿＿＿＿＿＿＿＿＿＿＿＿＿＿＿＿＿＿

＿＿＿＿＿＿＿＿＿＿＿＿＿＿＿＿＿＿＿＿＿＿＿＿＿＿＿＿＿＿＿＿＿

＿＿＿＿＿＿＿＿＿＿＿＿＿＿＿＿＿＿＿＿＿＿＿＿＿＿＿＿＿＿＿＿＿

＿＿＿＿＿＿＿＿＿＿＿＿＿＿＿＿＿＿＿＿＿＿＿＿＿＿＿＿＿＿＿＿＿

預約**實用知識**，延伸**出版價值**

預約**實用知識**，延伸**出版價值**